中华人民共和国工业和信息化部批准

电子建设工程预算定额

HYD 41–2015

第二册

雷达工程

有线电视、卫星接收系统工程

专业通信工程

中国计划出版社

图书在版编目(CIP)数据

电子建设工程预算定额：HYD 41-2015. 第2册，雷达工程、有线电视、卫星接收系统工程、专业通信工程／工业和信息化部电子工业标准化研究院主编. —北京：中国计划出版社，2015.11

ISBN 978-7-5182-0265-2

Ⅰ.①电… Ⅱ.①工… Ⅲ.①电子工业－建筑安装－建筑预算定额－中国②电视系统－建筑安装－建筑预算定额－中国 Ⅳ.①TU723.3

中国版本图书馆CIP数据核字(2015)第242863号

电子建设工程预算定额 HYD 41－2015

第二册 雷达工程

有线电视、卫星接收系统工程

专业通信工程

工业和信息化部电子工业标准化研究院 主编

中国计划出版社出版

网址：www.jhpress.com

地址：北京市西城区木樨地北里甲11号国宏大厦C座3层

邮政编码：100038 电话：(010) 63906433（发行部）

新华书店北京发行所发行

北京市科星印刷有限责任公司印刷

880mm×1230mm 1/16 7印张 199千字

2015年11月第1版 2015年11月第1次印刷

印数1—5000册

ISBN 978-7-5182-0265-2

定价：66.00元

主编单位：工业和信息化部电子工业标准化研究院

批准部门：中 华 人 民 共 和 国 工 业 和 信 息 化 部

执行日期：二　〇　一　五　年　八　月　一　日

工业和信息化部办公厅关于发布《电子建设工程概（预）算编制办法及计价依据》和《电子建设工程预算定额》的通知

工信厅规〔2015〕77号

各省、自治区、直辖市、计划单列市工业和信息化主管部门，各有关单位：

为适应电子建设工程的需要，合理确定和有效控制工程造价，我部组织修订了《电子建设工程概（预）算编制办法及计价依据》和《电子建设工程预算定额》。经审查，现批准发布，自2015年8月1日起实施。

原信息产业部于2005年发布的《电子建设工程概（预）算编制办法及计价依据》和《电子建设工程预算定额》（信部规〔2005〕36号）同时停止执行。

本《电子建设工程概（预）算编制办法及计价依据》和《电子建设工程预算定额》由部电子工业标准化研究院负责具体解释和管理并组织出版、发行。

附件:《电子建设工程概（预）算编制办法及计价依据》和《电子建设工程预算定额》目录

中华人民共和国工业和信息化部办公厅

2015年7月14日

附件：

《电子建设工程概（预）算编制办法及计价依据》和《电子建设工程预算定额》目录

1.《电子建设工程概（预）算编制办法及计价依据》

2.《电子建设工程预算定额》（第一册）：计算机及网络系统工程，综合布线系统工程，安全防范系统工程，道路交通、停车场系统工程，自动售检票系统工程，住宅小区管理系统工程，建筑设备自动化系统工程

3.《电子建设工程预算定额》（第二册）：雷达工程，有线电视、卫星接收系统工程，专业通信工程

4.《电子建设工程预算定额》（第三册）：音频、视频、灯光及集中控制系统工程

5.《电子建设工程预算定额》（第四册）：电磁屏蔽室安装工程

6.《电子建设工程预算定额》（第五册）：洁净厂房、数据中心及电子环境工程

说　明

一、《电子建设工程预算定额》（以下简称本定额）包括：

第一册：计算机及网络系统工程，综合布线系统工程，安全防范系统工程，道路交通、停车场管理系统工程，自动售检票系统工程，住宅小区管理系统工程，建筑设备自动化系统工程。

第二册：雷达工程，有线电视、卫星接收系统工程，专业通信工程。

第三册：音频、视频、灯光、集中控制系统工程。

第四册：电磁屏蔽室安装工程。

第五册：洁净厂房、数据中心及电子环境工程。

二、本定额是编制施工图预算、进行工程招投标、签订建设工程承包合同、拨付工程款和办理竣工结算的依据；是统一电子工程预（结）算工程量计算规则、项目划分及计量单位的依据；是编制概算定额、概算指标和估算指标的基础；是完成规定计量单位分项工程计价所需的人工、材料、施工机械和仪器仪表的消耗量标准；也可作为制订企业定额和投标报价的参考。

三、本定额是依据国家有关现行产品标准、设计规范、施工验收规范、技术操作规程、质量评定标准和安全操作规程编制的。

四、本定额是按目前国内大多数施工企业采用的施工方法、机械、仪器仪表装备程度、合理的工期和劳动组织条件进行编制的。

五、本定额是按下列正常的施工条件进行编制的：

1. 设备、材料、成品、半成品和构件完整无损，符合质量标准和相应设计要求，附有合格证书和试验记录。

2. 安装工程和土建工程之间的交叉作业正常。

3. 安装地点、建筑物、设备基础和预留孔洞等均符合安装要求。

4. 水、电供应均满足安装施工正常使用。

5. 正常的气候、地理条件和施工环境。

六、人工工日消耗量的确定和计算方法：

1. 本定额的人工工日单价按照编制期工程所在地人力资源和社会保障部门所发布的最低工资标准，即：普工 1.3 倍、安装工 2.265 倍、调试工 3.26 倍取定的。

2. 人工费计算方法：∑（工程量 × 工日定额消耗量 × 综合工日单价）。

七、材料消耗量的确定和计算方法：

1. 本定额中的材料消耗量包括直接消耗在安装工作内容中的主要材料、辅助材料和零星材料等，并计入了相应损耗，其内容和范围包括：从工地仓库、现场集中堆放地点或现场加工地点到操作或安装地点的运输损耗、施工操作损耗和施工现场堆放损耗。

2. 凡定额内未注明单价的材料，基价中不包括其价格。可根据市场预算价格调整计算。

3. 用量很少，对基价影响很小的零星材料费合并为其他材料费，计入材料费内。

4. 材料费计算方法：∑（工程量 × 材料定额消耗量 × 材料预算单价）。

八、施工机械台班消耗量的确定和计算方法：

1. 本定额的施工机械台班消耗量是按正常合理的机械配备，机械施工工效测算确定的。

2. 凡单位价值在2000元以内，不构成固定资产的小型机械合并为其他机械费，计入机械费内。

3. 机械使用费计算方法：∑（工程量 × 机械定额消耗量 × 机械台班预算单价）。

九、施工仪器仪表台班消耗量的确定和计算方法：

1. 本定额的施工仪器仪表台班消耗量是按电子工程项目设计标准和施工验收规范的要求，根据技术性能测量、调试、检测所需仪器仪表的消耗量取定的。

2. 凡单位价值在2000元以内，不构成固定资产的小型仪器仪表使用费，合并为其他仪器仪表费，计入仪器仪表费内。

3. 仪器仪表使用费计算方法：∑（工程量 × 仪器仪表定额消耗量 × 仪器仪表台班预算单价）。

十、关于水平和垂直运输：

1. 设备：包括自安装现场指定堆放地点运至安装地点的水平运输，取定为100m。

2. 材料、成品、半成品：包括自施工单位现场仓库或现场指定堆放地点运至安装地点的水平运输，取定为300m。

3. 垂直运输基准面：室内以室内地平面为基准面，室外以安装现场地平面为基准面，按5m以内编制。

十一、有关建设项目工程费用按《电子建设工程概（预）算编制办法及计价依据》中规定计取。

十二、本定额所涉及的系统试运行（除有特殊要求外）是按连续无故障运行120小时考虑的，超出时费用另行计算。

十三、电子建设工程二次深化设计按专业工程估算造价的2%～3%计取，列入工程造价。

十四、本定额中注有“××× 以内”或“××× 以下”者，均包括 ××× 本身；“××× 以外”或“××× 以上”者，则不包括 ××× 本身。

十五、本说明的未尽事宜，详见各章说明。

十六、为了提高定额质量，请各单位和个人在执行本定额的过程中，认真总结经验，积累资料，如发现需要修改或补充之处，请将意见和建议反馈给电子工程标准定额站（地址：北京市东城区安定门东大街1号；邮政编码：100007；电话：64102718、64102656；传真：64102655；网址：www.ceecm.gov.cn；E-mail：postmaster@ceecm.gov.cn），以供今后修订时参考。

目　　录

第一章
雷 达 工 程

说明及工程量计算规则

说　明

1. 本章主要内容包括：地面雷达、机（星弹）载雷达和舰（船）载雷达的设备安装、调试。

2. 雷达设备安装工程由结构安装、分系统调试、整机调试、外系统联试和检飞等项目组成。雷达外系统联试定额是按外系统设备工作正常条件取定的，由于外系统设备工作不正常而引起的等待时间，按实际发生的等待工日另行计费。雷达检飞是按一个起飞架次编制的，因此，雷达的检飞费用应按试验大纲的架次数乘以检飞定额基价的方法计取。

3. 本定额包括以下工作内容：

（1）结构安装包括天线、天线座、馈线箱柜台、线缆、管道等设备的开箱、清点和安装调试。

（2）分系统调试包括天线、馈线、发射、接收、信号处理、终端、天线控制、跟踪、信号产生、计算机及软件、轴角、监控、配电等分系统的调试。

（3）整机调试包括整机联调、试运转和交验。

（4）外系统联试是指雷达与其他有关设备综合联调试验。

（5）检飞是指通过运动目标，校验雷达战术技术指标的飞行试验。

工程量计算规则

地面雷达、机（星弹）载雷达和舰（船）载雷达的设备安装、调试，以“部”计算。

第一节　安装地面雷达

一、地面警戒雷达（Ⅰ）

工作内容：结构安装、分系统调试、整机调试、外系统联试、检飞。　　　　计量单位：部

定额编号					08001001	08001002	08001003	08001004	08001005
项目名称					结构安装	分系统调试	整机调试	外系统联试	检飞
预算基价					67063.59	75816.21	79645.16	27520.79	9085.34
其中	人工费（元）				51759.00	71366.00	74514.50	25817.70	8815.80
	材料费（元）				135.26	116.30	100.72	70.71	57.53
	机械费（元）				14985.54	—	—	—	—
	仪器仪表费（元）				183.79	4333.91	5029.94	1632.38	212.01
名称		代号	单位	单价（元）	数量				
人工	安装工	1002	工日	145.80	355.000	—	—	—	—
	调试工	1003	工日	209.90	—	340.000	355.000	123.000	42.000
材料	其他材料费	2999	元	—	135.260	116.300	100.720	70.710	57.530
机械	载货汽车 4t	3030	台班	445.940	5.000	—	—	—	—
	叉式起重机 3t	3026	台班	358.370	2.500	—	—	—	—
	汽车起重机 5t	3010	台班	436.580	1.000	—	—	—	—
	汽车起重机 16t	3013	台班	1027.710	8.000	—	—	—	—
	汽车起重机 20t	3014	台班	1116.120	2.000	—	—	—	—
	其他机具费	3999	元	—	969.410	—	—	—	—
仪器仪表	示波器	4112	台班	44.240	—	20.000	12.000	5.000	1.000
	功率计	4053	台班	42.830	—	7.000	9.000	2.000	1.000
	天线图形记录仪	4160	台班	27.880	—	9.000	—	—	—
	逻辑分析仪	4155	台班	181.010	—	—	11.000	5.000	—
	频谱分析仪	4125	台班	105.670	—	9.000	7.000	—	1.000
	标准信号发生器	4005	台班	22.790	—	30.000	25.000	5.000	—
	微波频率计数器	4080	台班	39.530	—	22.000	9.000	4.000	—
	其他仪器仪表费	4999	元	—	183.790	393.990	457.270	148.400	19.270

二、地面警戒雷达（Ⅱ）

工作内容：结构安装、分系统调试、整机调试、外系统联试、检飞。　　计量单位：部

定额编号					08002001	08002002	08002003	08002004	08002005
项目名称					结构安装	分系统调试	整机调试	外系统联试	检飞
预算基价					94681.88	178750.47	187892.80	113629.45	16798.20
其中	人工费（元）				78294.60	162252.70	177575.40	109987.60	15952.40
	材料费（元）				196.86	186.75	102.43	33.65	29.62
	机械费（元）				15993.46	—	—	—	—
	仪器仪表费（元）				196.96	16311.02	10214.97	3608.20	816.18
名称		代号	单位	单价（元）	数量				
人工	安装工	1002	工日	145.80	537.000	—	—	—	—
	调试工	1003	工日	209.90	—	773.000	846.000	524.000	76.000
材料	其他材料费	2999	元	—	196.860	186.750	102.430	33.650	29.620
机械	载货汽车 4t	3030	台班	445.940	5.000	—	—	—	—
	叉式起重机 3t	3026	台班	358.370	2.500	—	—	—	—
	汽车起重机 5t	3010	台班	436.580	1.500	—	—	—	—
	汽车起重机 16t	3013	台班	1027.710	6.500	—	—	—	—
	汽车起重机 20t	3014	台班	1116.120	4.000	—	—	—	—
	其他机具费	3999	元	—	1068.370	—	—	—	—
仪器仪表	取样示波器	4117	台班	78.760	—	35.000	25.000	2.000	1.000
	逻辑分析仪	4155	台班	181.010	—	14.000	11.000	7.000	1.000
	功率计	4053	台班	42.830	—	9.000	13.000	2.000	1.000
	天线图形记录仪	4160	台班	27.880	—	9.000	—	—	—
	扫频仪	4105	台班	290.850	—	14.000	10.000	2.000	1.000
	标准信号发生器	4005	台班	22.790	—	85.000	32.000	8.000	1.000
	数字频率计	4081	台班	125.740	—	23.000	9.000	8.000	1.000
	其他仪器仪表费	4999	元	—	196.960	1482.820	928.630	328.010	74.200

三、低空警戒雷达

工作内容：结构安装、分系统调试、整机调试、外系统联试、检飞。　　　　计量单位：部

定额编号					08003001	08003002	08003003	08003004	08003005
项目名称					结构安装	分系统调试	整机调试	外系统联试	检飞
预算基价					29104.89	134146.59	112940.51	45409.16	9955.71
其中	人工费（元）				22307.40	105789.60	98233.20	41980.00	9025.70
	材料费（元）				187.45	245.14	119.46	45.94	35.57
	机械费（元）				6460.57	—	—	—	—
	仪器仪表费（元）				149.47	28111.85	14587.85	3383.22	894.44
	名称	代号	单位	单价（元）	数量				
人工	安装工	1002	工日	145.80	153.000	—	—	—	—
	调试工	1003	工日	209.90	—	504.000	468.000	200.000	43.000
材料	其他材料费	2999	元	—	187.450	245.140	119.460	45.940	35.570
机械	叉式起重机 3t	3026	台班	358.370	9.500	—	—	—	—
	载货汽车 4t	3030	台班	445.940	3.000	—	—	—	—
	汽车起重机 5t	3010	台班	436.580	3.000	—	—	—	—
	其他机具费	3999	元	—	408.490	—	—	—	—
仪器仪表	示波器	4112	台班	44.240	—	46.000	23.000	2.000	1.000
	频率综合器	4025	台班	309.700	—	3.000	5.000	—	—
	逻辑分析仪	4155	台班	181.010	—	44.000	16.000	9.000	1.000
	功率计	4053	台班	42.830	—	50.000	47.000	2.000	1.000
	标准信号发生器	4005	台班	22.790	—	94.000	50.000	10.000	1.000
	频谱分析仪	4125	台班	105.670	—	16.000	14.000	2.000	1.000
	扫频仪	4105	台班	290.850	—	9.000	7.000	2.000	1.000
	数字频率计	4081	台班	125.740	—	48.000	9.000	2.000	1.000
	其他仪器仪表费	4999	元	—	149.470	2555.620	1326.170	307.570	81.310

四、地面引导雷达

工作内容：结构安装、分系统调试、整机调试、外系统联试、检飞。　　　　　　　　　　计量单位：部

定额编号					08004001	08004002	08004003	08004004	08004005
项目名称					结构安装	分系统调试	整机调试	外系统联试	检飞
预算基价					93870.25	402945.63	255169.61	77915.00	19790.96
其中	人工费（元）				74066.40	360188.40	228791.00	71575.90	18261.30
	材料费（元）				183.74	259.60	350.48	135.13	88.21
	机械费（元）				19377.75	—	—	—	—
	仪器仪表费（元）				242.36	42497.63	26028.13	6203.97	1441.45
名称		代号	单位	单价（元）	数量				
人工	安装工	1002	工日	145.80	508.000	—	—	—	—
	调试工	1003	工日	209.90	—	1716.000	1716.000	341.000	87.000
材料	打印纸 132 行（381-1）	216011	箱	250.600	—	0.300	0.500	0.200	0.100
	其他材料费	2999	元	—	183.740	184.420	225.180	85.010	63.150
机械	叉式起重机 3t	3026	台班	358.370	6.500	—	—	—	—
	叉式起重机 6t	3027	台班	585.650	2.000	—	—	—	—
	叉式起重机 10t	3028	台班	836.860	2.000	—	—	—	—
	电动葫芦（单速）5t	3058	台班	55.250	4.000	—	—	—	—
	载货汽车 6t	3031	台班	511.530	6.000	—	—	—	—
	汽车起重机 5t	3010	台班	436.580	3.000	—	—	—	—
	汽车起重机 16t	3013	台班	1027.710	6.000	—	—	—	—
	汽车起重机 20t	3014	台班	1116.120	2.000	—	—	—	—
	其他机具费	3999	元	—	1204.900	—	—	—	—
仪器仪表	功率计	4053	台班	42.830	—	6.000	9.000	1.000	1.000
	示波器	4112	台班	44.240	—	50.000	25.000	7.000	1.000
	噪声测试仪	4147	台班	83.960	—	3.000	5.000	1.000	1.000
	逻辑分析仪	4155	台班	181.010	—	21.000	19.000	3.000	1.000
	网络分析仪	4220	台班	196.260	—	5.000	—	—	—
	天线图形记录仪	4160	台班	27.880	—	9.000	—	—	—
	标准信号发生器	4005	台班	22.790	—	68.000	37.000	5.000	1.000
	频谱分析仪	4125	台班	105.670	—	3.000	4.000	—	1.000
	微波信号发生器	4018	台班	413.320	—	62.000	37.000	11.000	1.000
	扫频仪	4105	台班	290.850	—	3.000	3.000	—	1.000
	数字频率计	4081	台班	125.740	—	20.000	7.000	—	1.000
	其他仪器仪表费	4999	元	—	242.360	3863.420	2366.190	564.000	131.040

五、导弹制导雷达

工作内容：结构安装、分系统调试、整机调试、外系统联试、检飞。　　　　计量单位：部

定额编号					08005001	08005002	08005003	08005004	08005005
项目名称					结构安装	分系统调试	整机调试	外系统联试	检飞
预算基价					52703.84	219798.08	146427.05	47519.41	10719.34
其中	人工费（元）				42719.40	177575.40	123211.30	41980.00	8815.80
	材料费（元）				212.29	886.41	2833.75	767.84	396.65
	机械费（元）				9555.80	—	—	—	—
	仪器仪表费（元）				216.35	41336.27	20382.00	4771.57	1506.89
	名称	代号	单位	单价（元）	数量				
人工	安装工	1002	工日	145.80	293.000	—	—	—	—
	调试工	1003	工日	209.90	—	846.000	587.000	200.000	42.000
材料	气球 特制	218131	个	200.000	—	2.000	8.000	2.000	1.000
	氢气 特制	209431	瓶	40.000	—	4.000	16.000	4.000	2.000
	打印纸 132 行（381–1）	216011	箱	250.600	—	0.200	0.300	0.100	0.050
	其他材料费	2999	元	—	212.290	276.290	518.570	182.780	104.120
机械	叉式起重机 3t	3026	台班	358.370	4.000	—	—	—	—
	叉式起重机 6t	3027	台班	585.650	1.000	—	—	—	—
	电动葫芦（单速）2t	3056	台班	44.190	4.000	—	—	—	—
	汽车起重机 5t	3010	台班	436.580	1.000	—	—	—	—
	汽车起重机 16t	3013	台班	1027.710	4.000	—	—	—	—
	载货汽车 4t	3030	台班	445.940	5.000	—	—	—	—
	其他机具费	3999	元	—	582.790	—	—	—	—
仪器仪表	功率计	4053	台班	42.830	—	12.000	9.000	2.000	1.000
	示波器	4112	台班	44.240	—	55.000	30.000	8.000	2.000
	噪声测试仪	4147	台班	83.960	—	3.000	7.000	2.000	1.000
	逻辑分析仪	4155	台班	181.010	—	3.000	4.000	1.000	—
	网络分析仪	4220	台班	196.260	—	25.000	13.000	3.000	1.000
	天线图形记录仪	4160	台班	27.880	—	14.000	—	—	—
	标准信号发生器	4005	台班	22.790	—	78.000	26.000	7.000	1.000
	频谱分析仪	4125	台班	105.670	—	5.000	4.000	1.000	1.000
	微波信号发生器	4018	台班	413.320	—	49.000	22.000	5.000	1.000
	扫频仪	4105	台班	290.850	—	5.000	2.000	—	1.000
	数字频率计	4081	台班	125.740	—	36.000	18.000	5.000	1.000
	其他仪器仪表费	4999	元	—	216.350	3757.840	1852.910	433.780	136.990

六、地面火控雷达

工作内容：结构安装、分系统调试、整机调试、外系统联试、检飞。　　　　计量单位：部

定额编号					08006001	08006002	08006003	08006004	08006005
项目名称					结构安装	分系统调试	整机调试	外系统联试	检飞
预算基价					25758.40	141498.69	100492.18	25123.96	8411.92
其中	人工费（元）				19245.60	120062.80	86688.70	22459.30	7346.50
	材料费（元）				212.29	266.38	274.57	102.88	82.22
	机械费（元）				6091.91	—	—	—	—
	仪器仪表费（元）				208.60	21169.51	13528.91	2561.78	983.20
	名称	代号	单位	单价（元）	数量				
人工	安装工	1002	工日	145.80	132.000	—	—	—	—
	调试工	1003	工日	209.90	—	572.000	413.000	107.000	35.000
材料	打印纸 132 行（381-1）	216011	箱	250.600	—	0.200	0.300	0.050	0.050
	其他材料费	2999	元	—	212.290	216.260	199.390	90.350	69.690
机械	叉式起重机 3t	3026	台班	358.370	4.500	—	—	—	—
	电动葫芦（单速）5t	3058	台班	55.250	3.000	—	—	—	—
	汽车起重机 8t	3011	台班	784.710	2.500	—	—	—	—
	载货汽车 4t	3030	台班	445.940	4.500	—	—	—	—
	其他机具费	3999	元	—	344.990	—	—	—	—
仪器仪表	功率计	4053	台班	42.830	—	11.000	9.000	1.000	1.000
	天线图形记录仪	4160	台班	27.880	—	9.000	—	—	—
	噪声测试仪	4147	台班	83.960	—	3.000	5.000	2.000	1.000
	逻辑分析仪	4155	台班	181.010	—	23.000	14.000	3.000	1.000
	频率综合器	4025	台班	309.700	—	3.000	3.000	—	—
	标准信号发生器	4005	台班	22.790	—	35.000	24.000	5.000	1.000
	示波器	4112	台班	44.240	—	52.000	25.000	5.000	1.000
	微波信号发生器	4018	台班	413.320	—	21.000	13.000	3.000	1.000
	频谱分析仪	4125	台班	105.670	—	5.000	4.000	—	1.000
	扫频仪	4105	台班	290.850	—	3.000	2.000	—	—
	其他仪器仪表费	4999	元	—	208.600	1924.500	1229.900	232.890	89.380

七、小型靶场测量雷达

工作内容：结构安装、分系统调试、整机调试、外系统联试、检飞。　　计量单位：部

定额编号					08007001	08007002	08007003	08007004	08007005
项目名称					结构安装	分系统调试	整机调试	外系统联试	检飞
预算基价					60549.27	195968.72	191524.40	64084.78	11588.96
其中	人工费（元）				43740.00	183032.80	177365.50	60241.30	9865.30
	材料费（元）				277.28	293.00	6670.62	1711.11	697.15
	机械费（元）				15681.99	—	—	—	—
	仪器仪表费（元）				850.00	12642.92	7488.28	2132.37	1026.51
名称		代号	单位	单价（元）	数量				
人工	安装工	1002	工日	145.80	300.000	—	—	—	—
	调试工	1003	工日	209.90	—	872.000	845.000	287.000	47.000
材料	气球 特制	218131	个	200.000	—	—	20.000	5.000	2.000
	氢气 特制	209431	瓶	40.000	—	—	40.000	10.000	4.000
	打印纸 132 行（381–1）	216011	箱	250.600	—	0.300	0.500	0.200	0.100
	其他材料费	2999	元	—	277.280	217.820	945.320	260.990	112.090
机械	载货汽车 4t	3030	台班	445.940	4.000	—	—	—	—
	叉式起重机 3t	3026	台班	358.370	10.000	—	—	—	—
	汽车起重机 5t	3010	台班	436.580	2.000	—	—	—	—
	汽车起重机 8t	3011	台班	784.710	8.000	—	—	—	—
	汽车起重机 20t	3014	台班	1116.120	2.000	—	—	—	—
	其他机具费	3999	元	—	931.450	—	—	—	—
仪器仪表	大功率计	4055	台班	33.840	—	7.000	13.000	3.000	1.000
	示波器	4112	台班	44.240	—	76.000	26.000	5.000	1.000
	噪声系数测试仪	4149	台班	97.060	—	3.000	8.000	2.000	1.000
	逻辑电路测试仪	4076	台班	31.320	—	31.000	12.000	5.000	1.000
	网络分析仪	4220	台班	196.260	—	4.000	2.000	—	—
	光学经纬仪	4295	台班	43.580	—	7.000	5.000	—	1.000
	厘米波信号发生器	4014	台班	12.100	—	50.000	25.000	7.000	1.000
	频谱分析仪	4127	台班	229.910	—	5.000	4.000	1.000	1.000
	标准信号发生器	4005	台班	22.790	—	47.000	23.000	5.000	1.000
	扫频仪	4105	台班	290.850	—	8.000	5.000	2.000	1.000
	数字频率计	4081	台班	125.740	—	3.000	2.000	2.000	1.000
	其他仪器仪表费	4999	元	—	850.000	1161.900	683.340	197.190	95.080

八、中型靶场测量雷达

工作内容：结构安装、分系统调试、整机调试、外系统联试、检飞。 计量单位：部

定额编号					08008001	08008002	08008003	08008004	08008005
项目名称					结构安装	分系统调试	整机调试	外系统联试	检飞
预算基价					84675.34	237908.64	238499.04	89204.49	12835.07
其中	人工费（元）				58903.20	220814.80	217666.30	81861.00	10704.90
	材料费（元）				322.02	337.56	8754.18	4158.06	1103.66
	机械费（元）				24330.12	—	—	—	—
	仪器仪表费（元）				1120.00	16756.28	12078.56	3185.43	1026.51
名称		代号	单位	单价（元）	数量				
人工	安装工	1002	工日	145.80	404.000	—	—	—	—
	调试工	1003	工日	209.90	—	1052.000	1037.000	390.000	51.000
材料	气球 特制	218131	个	200.000	—	—	25.000	12.000	3.000
	氢气 特制	209431	瓶	40.000	—	—	50.000	24.000	6.000
	打印纸 132 行（381–1）	216011	箱	250.600	—	0.400	0.600	0.300	0.200
	其他材料费	2999	元	—	322.020	237.320	1603.820	722.880	213.540
机械	载货汽车 6t	3031	台班	511.530	5.000	—	—	—	—
	叉式起重机 3t	3026	台班	358.370	14.000	—	—	—	—
	叉式起重机 6t	3027	台班	585.650	6.000	—	—	—	—
	汽车起重机 8t	3011	台班	784.710	8.000	—	—	—	—
	汽车起重机 16t	3013	台班	1027.710	3.000	—	—	—	—
	汽车起重机 30t	3016	台班	1233.760	2.000	—	—	—	—
	其他机具费	3999	元	—	1413.060	—	—	—	—
仪器仪表	大功率计	4055	台班	33.840	—	12.000	18.000	5.000	1.000
	示波器	4112	台班	44.240	—	78.000	35.000	7.000	1.000
	噪声系数测试仪	4149	台班	97.060	—	5.000	10.000	3.000	1.000
	逻辑电路测试仪	4076	台班	31.320	—	32.000	15.000	8.000	1.000
	网络分析仪	4220	台班	196.260	—	5.000	3.000	—	—
	光学经纬仪	4295	台班	43.580	—	8.000	7.000	—	1.000
	厘米波信号发生器	4014	台班	12.100	—	56.000	35.000	7.000	1.000
	频谱分析仪	4127	台班	229.910	—	12.000	8.000	3.000	1.000
	标准信号发生器	4005	台班	22.790	—	50.000	29.000	6.000	1.000
	扫频仪	4105	台班	290.850	—	8.000	7.000	2.000	1.000
	数字频率计	4081	台班	125.740	—	13.000	12.000	3.000	1.000
	其他仪器仪表费	4999	元	—	1120.000	1544.560	1118.280	294.720	95.080

九、大型靶场测量雷达

工作内容：结构安装、分系统调试、整机调试、外系统联试、检飞。　　计量单位：部

定额编号					08009001	08009002	08009003	08009004	08009005
项目名称					结构安装	分系统调试	整机调试	外系统联试	检飞
预算基价					232841.86	307459.25	340120.68	139516.01	15986.71
其中	人工费（元）				187061.40	297218.40	324715.30	132656.80	14273.20
	材料费（元）				100.08	288.52	7416.51	3706.53	759.09
	机械费（元）				45253.23	—	—	—	—
	仪器仪表费（元）				427.15	9952.33	7988.87	3152.68	954.42
	名称	代号	单位	单价（元）	数量				
人工	安装工	1002	工日	145.80	1283.000	—	—	—	—
	调试工	1003	工日	209.90	—	1416.000	1547.000	632.000	68.000
材料	气球 特制	218131	个	200.000	—	—	20.000	10.000	2.000
	氢气 特制	209431	瓶	40.000	—	—	40.000	20.000	4.000
	打印纸 132 行（381-1）	216011	箱	250.600	—	0.500	1.000	0.500	0.100
	其他材料费	2999	元	—	100.080	163.220	1565.910	781.230	174.030
机械	平板拖车组 60t	3040	台班	1818.780	1.000	—	—	—	—
	载货汽车 8t	3032	台班	584.010	4.000	—	—	—	—
	电动葫芦（单速）2t	3056	台班	44.190	10.000	—	—	—	—
	汽车起重机 40t	3017	台班	1712.270	2.000	—	—	—	—
	汽车起重机 80t	3019	台班	4296.390	4.000	—	—	—	—
	汽车起重机 120t	3020	台班	9045.670	2.000	—	—	—	—
	其他机具费	3999	元	—	1955.070	—	—	—	—
仪器仪表	网络分析仪	4220	台班	196.260	—	2.000	—	—	—
	噪声测试仪	4147	台班	83.960	—	2.000	4.000	1.000	1.000
	十进频率综合信号发生器	4038	台班	69.300	—	5.000	5.000	3.000	1.000
	功率计	4053	台班	42.830	—	3.000	5.000	3.000	1.000
	扫频仪	4105	台班	290.850	—	3.000	3.000	2.000	1.000
	标准信号发生器	4005	台班	22.790	—	25.000	25.000	5.000	1.000
	示波器	4112	台班	44.240	—	50.000	40.000	10.000	2.000
	频谱分析仪	4127	台班	229.910	—	15.000	12.000	5.000	1.000
	微波频率计数器	4080	台班	39.530	—	23.000	10.000	4.000	1.000
	其他仪器仪表费	4999	元	—	427.150	904.760	726.260	286.610	86.770

十、多目标靶场测量雷达（Ⅰ）

工作内容：结构安装、分系统调试、整机调试、外系统联试、检飞。　　计量单位：部

					08010001	08010002	08010003	08010004	08010005
定额编号					08010001	08010002	08010003	08010004	08010005
项目名称					结构安装	分系统调试	整机调试	外系统联试	检飞
预算基价					125555.34	349062.77	284122.96	119154.51	12352.31
其中	人工费（元）				81210.60	319887.60	259856.20	112296.50	9655.40
	材料费（元）				417.78	5615.73	10175.12	3425.07	1061.67
	机械费（元）				42301.81	—	—	—	—
	仪器仪表费（元）				1625.15	23559.44	14091.64	3432.94	1635.24
名称		代号	单位	单价（元）	数量				
人工	安装工	1002	工日	145.80	557.000	—	—	—	—
	调试工	1003	工日	209.90	—	1524.000	1238.000	535.000	46.000
材料	气球 特制	218131	个	200.000	—	15.000	30.000	10.000	3.000
	氢气 特制	209431	瓶	40.000	—	30.000	60.000	20.000	6.000
	打印纸 132 行（381-1）	216011	箱	250.600	—	2.000	1.500	0.500	0.200
	其他材料费	2999	元	—	417.780	914.530	1399.220	499.770	171.550
机械	载货汽车 6t	3031	台班	511.530	20.000	—	—	—	—
	叉式起重机 6t	3027	台班	585.650	10.000	—	—	—	—
	汽车起重机 5t	3010	台班	436.580	10.000	—	—	—	—
	汽车起重机 16t	3013	台班	1027.710	5.000	—	—	—	—
	汽车起重机 40t	3017	台班	1712.270	8.000	—	—	—	—
	其他机具费	3999	元	—	3012.200	—	—	—	—
仪器仪表	示波器	4112	台班	44.240	—	70.000	45.000	15.000	1.000
	光学经纬仪	4295	台班	43.580	—	8.000	7.000	—	—
	网络分析仪	4220	台班	196.260	—	25.000	10.000	2.000	1.000
	小功率计	4051	台班	11.320	—	20.000	15.000	5.000	1.000
	频率综合器	4024	台班	283.240	—	10.000	5.000	1.000	1.000
	厘米波信号发生器	4014	台班	12.100	—	50.000	30.000	7.000	1.000
	频谱分析仪	4127	台班	229.910	—	18.000	12.000	3.000	1.000
	标准信号发生器	4005	台班	22.790	—	45.000	25.000	5.000	1.000
	扫频仪	4105	台班	290.850	—	8.000	6.000	2.000	2.000
	数字频率计	4081	台班	125.740	—	15.000	12.000	2.000	1.000
	其他仪器仪表费	4999	元	—	1625.150	2166.870	1301.530	315.420	127.940

十一、多目标靶场测量雷达（Ⅱ）

工作内容：结构安装、分系统调试、整机调试、外系统联试、检飞。　　　　计量单位：部

定额编号					08011001	08011002	08011003	08011004	08011005
项目名称					结构安装	分系统调试	整机调试	外系统联试	检飞
预算基价					153875.52	472934.47	384104.97	161085.24	18820.34
其中	人工费（元）				111245.40	437641.50	355780.50	153646.80	16372.20
	材料费（元）				404.44	5524.05	10014.75	3410.26	761.98
	机械费（元）				40941.05	—	—	—	—
	仪器仪表费（元）				1284.63	29768.92	18309.72	4028.18	1686.16
	名称	代号	单位	单价（元）	数量				
人工	安装工	1002	工日	145.80	763.000	—	—	—	—
	调试工	1003	工日	209.90	—	2085.000	1695.000	732.000	78.000
材料	气球 特制	218131	个	200.000	—	15.000	30.000	10.000	2.000
	氢气 特制	209431	瓶	40.000	—	30.000	60.000	20.000	4.000
	打印纸 132 行（381-1）	216011	箱	250.600	—	2.000	1.500	0.500	0.100
	其他材料费	2999	元	—	404.440	822.850	1238.850	484.960	176.920
机械	载货汽车 4t	3030	台班	445.940	20.000	—	—	—	—
	叉式起重机 6t	3027	台班	585.650	10.000	—	—	—	—
	汽车起重机 5t	3010	台班	436.580	10.000	—	—	—	—
	汽车起重机 16t	3013	台班	1027.710	5.000	—	—	—	—
	汽车起重机 40t	3017	台班	1712.270	8.000	—	—	—	—
	其他机具费	3999	元	—	2963.240	—	—	—	—
仪器仪表	网络分析仪	4220	台班	196.260	—	25.000	10.000	2.000	1.000
	频谱分析仪	4126	台班	550.350	—	18.000	12.000	3.000	1.000
	扫频仪	4105	台班	290.850	—	8.000	6.000	1.000	1.000
	逻辑分析仪	4155	台班	181.010	—	10.000	5.000	1.000	1.000
	功率计	4053	台班	42.830	—	15.000	10.000	2.000	1.000
	标准信号发生器	4005	台班	22.790	—	40.000	25.000	5.000	1.000
	示波器	4112	台班	44.240	—	70.000	45.000	15.000	1.000
	数字频率计	4081	台班	125.740	—	15.000	10.000	1.000	1.000
	射频信号发生器	4016	台班	78.800	—	20.000	15.000	2.000	1.000
	其他仪器仪表费	4999	元	—	1284.630	2706.270	1664.520	366.200	153.290

十二、炮位侦察雷达

工作内容：结构安装、分系统调试、整机调试、外系统联试、检飞。　　　　计量单位：部

定额编号					08012001	08012002	08012003	08012004	08012005
项目名称					结构安装	分系统调试	整机调试	外系统联试	检飞
预算基价					84578.97	340156.58	258620.56	80767.83	13760.91
其中	人工费（元）				66484.80	310442.10	235717.70	75983.80	12803.90
	材料费（元）				625.83	860.08	898.17	260.25	102.26
	机械费（元）				15467.18	—	—	—	—
	仪器仪表费（元）				2001.16	28854.40	22004.69	4523.78	854.75
名称		代号	单位	单价（元）	数量				
人工	安装工	1002	工日	145.80	456.000	—	—	—	—
	调试工	1003	工日	209.90	—	1479.000	1123.000	362.000	61.000
材料	打印纸 132 行（381–1）	216011	箱	250.600	—	1.500	2.000	0.500	0.200
	其他材料费	2999	元	—	625.830	484.180	396.970	134.950	52.140
机械	载货汽车 6t	3031	台班	511.530	15.000	—	—	—	—
	汽车起重机 5t	3010	台班	436.580	4.000	—	—	—	—
	汽车起重机 16t	3013	台班	1027.710	5.000	—	—	—	—
	其他机具费	3999	元	—	909.360	—	—	—	—
仪器仪表	示波器	4112	台班	44.240	—	60.000	52.000	7.000	1.000
	低频数字相位计	4140	台班	19.220	—	20.000	15.000	—	1.000
	网络分析仪	4220	台班	196.260	—	18.000	12.000	2.000	—
	高频数字相位计	4141	台班	22.570	—	20.000	15.000	—	1.000
	小功率计	4051	台班	11.320	—	30.000	20.000	10.000	1.000
	标准信号发生器	4009	台班	8.600	—	65.000	47.000	12.000	1.000
	频谱分析仪	4127	台班	229.910	—	18.000	15.000	4.000	1.000
	标准信号发生器	4005	台班	22.790	—	48.000	36.000	8.000	1.000
	扫频仪	4105	台班	290.850	—	34.000	25.000	5.000	1.000
	数字频率计	4081	台班	125.740	—	25.000	20.000	5.000	1.000
	其他仪器仪表费	4999	元	—	2001.160	2668.220	2036.500	420.270	79.510

十三、地面弹道测量雷达

工作内容：结构安装、分系统调试、整机调试、外系统联试、检飞。　　　　计量单位：部

					08013001	08013002	08013003	08013004	08013005
定额编号					08013001	08013002	08013003	08013004	08013005
项目名称					结构安装	分系统调试	整机调试	外系统联试	检飞
预算基价					133721.45	558128.81	378482.75	126525.12	14777.49
其中	人工费（元）				94332.60	531886.60	352632.00	116074.70	11964.30
	材料费（元）				662.26	974.61	9076.10	5400.40	1772.26
	机械费（元）				36721.80	—	—	—	—
	仪器仪表费（元）				2004.79	25267.60	16774.65	5050.02	1040.93
	名称	代号	单位	单价（元）	数量				
人工	安装工	1002	工日	145.80	647.000	—	—	—	—
	调试工	1003	工日	209.90	—	2534.000	1680.000	553.000	57.000
材料	气球 特制	218131	个	200.000	—	—	25.000	15.000	5.000
	氢气 特制	209431	瓶	40.000	—	—	50.000	30.000	10.000
	打印纸 132 行（381-1）	216011	箱	250.600	—	2.000	1.500	1.000	0.200
	其他材料费	2999	元	—	662.260	473.410	1700.200	949.800	322.140
机械	载货汽车 6t	3031	台班	511.530	20.000	—	—	—	—
	叉式起重机 3t	3026	台班	358.370	15.000	—	—	—	—
	汽车起重机 5t	3010	台班	436.580	10.000	—	—	—	—
	汽车起重机 16t	3013	台班	1027.710	8.000	—	—	—	—
	汽车起重机 30t	3016	台班	1233.760	5.000	—	—	—	—
	其他机具费	3999	元	—	2359.370	—	—	—	—
仪器仪表	示波器	4112	台班	44.240	—	75.000	50.000	15.000	1.000
	网络分析仪	4220	台班	196.260	—	25.000	10.000	2.000	1.000
	高频数字相位计	4141	台班	22.570	—	20.000	15.000	4.000	1.000
	小功率计	4051	台班	11.320	—	15.000	10.000	3.000	1.000
	标准信号发生器	4005	台班	22.790	—	60.000	45.000	20.000	1.000
	频谱分析仪	4127	台班	229.910	—	25.000	18.000	5.000	1.000
	扫频仪	4105	台班	290.850	—	12.000	10.000	4.000	1.000
	数字频率计	4081	台班	125.740	—	25.000	20.000	5.000	1.000
	其他仪器仪表费	4999	元	—	2004.790	2673.050	1561.070	472.210	97.250

十四、连续波综合测量雷达

工作内容：结构安装、分系统调试、整机调试、外系统联试、检飞。　　　　计量单位：部

定额编号					08014001	08014002	08014003	08014004	08014005
项目名称					结构安装	分系统调试	整机调试	外系统联试	检飞
预算基价					165282.98	462830.86	367512.40	114554.67	14019.99
其中	人工费（元）				113724.00	436592.00	340038.00	105999.50	11334.60
	材料费（元）				565.15	815.87	7260.16	3578.58	1103.66
	机械费（元）				49229.74	—	—	—	—
	仪器仪表费（元）				1764.09	25422.99	20214.24	4976.59	1581.73
名称		代号	单位	单价（元）	数量				
人工	安装工	1002	工日	145.80	780.000	—	—	—	—
	调试工	1003	工日	209.90	—	2080.000	1620.000	505.000	54.000
材料	气球 特制	218131	个	200.000	—	—	20.000	10.000	3.000
	氢气 特制	209431	瓶	40.000	—	—	40.000	20.000	6.000
	打印纸 132 行（381–1）	216011	箱	250.600	—	1.500	1.100	0.500	0.200
	其他材料费	2999	元	—	565.150	439.970	1384.500	653.280	213.540
机械	汽车起重机 40t	3017	台班	1712.270	4.000	—	—	—	—
	载货汽车 6t	3031	台班	511.530	16.000	—	—	—	—
	叉式起重机 6t	3027	台班	585.650	10.000	—	—	—	—
	汽车起重机 5t	3010	台班	436.580	8.000	—	—	—	—
	汽车起重机 8t	3011	台班	784.710	6.000	—	—	—	—
	汽车起重机 20t	3014	台班	1116.120	15.000	—	—	—	—
	其他机具费	3999	元	—	3396.980	—	—	—	—
仪器仪表	噪声系数测试仪	4149	台班	97.060	—	6.000	10.000	4.000	1.000
	示波器	4112	台班	44.240	—	72.000	45.000	15.000	1.000
	光学经纬仪	4295	台班	43.580	—	8.000	7.000	2.000	1.000
	频响分析仪	4154	台班	281.140	—	6.000	7.000	2.000	1.000
	逻辑分析仪	4156	台班	148.320	—	8.000	7.000	1.000	—
	小功率计	4051	台班	11.320	—	11.000	8.000	2.000	—
	标准信号发生器	4005	台班	22.790	—	55.000	32.000	5.000	1.000
	厘米波信号发生器	4014	台班	12.100	—	60.000	40.000	15.000	1.000
	频谱分析仪	4127	台班	229.910	—	20.000	12.000	3.000	1.000
	扫频仪	4105	台班	290.850	—	10.000	8.000	2.000	1.000
	数字频率计	4081	台班	125.740	—	24.000	20.000	4.000	1.000
	扫频信号发生器	4021	台班	287.730	—	12.000	11.000	2.000	1.000
	其他仪器仪表费	4999	元	—	1764.090	2352.120	1872.170	459.050	146.590

十五、空中交通管制一次雷达

工作内容：结构安装、分系统调试、整机调试、外系统联试、检飞。　　计量单位：部

定额编号					08015001	08015002	08015003	08015004	08015005
项目名称					结构安装	分系统调试	整机调试	外系统联试	检飞
预算基价					93594.73	160877.75	134752.45	36714.49	9612.75
其中	人工费（元）				62839.80	138114.20	116074.70	33584.00	7976.20
	材料费（元）				257.39	229.22	266.36	153.80	86.25
	机械费（元）				30249.51	—	—	—	—
	仪器仪表费（元）				248.03	22534.33	18411.39	2976.69	1550.30
	名称	代号	单位	单价（元）	数量				
人工	安装工	1002	工日	145.80	431.000	—	—	—	—
	调试工	1003	工日	209.90	—	658.000	553.000	160.000	38.000
材料	打印纸 132 行（381-1）	216011	箱	250.600	—	0.050	0.200	0.100	0.050
	其他材料费	2999	元	—	257.390	216.690	216.240	128.743	73.720
机械	叉式起重机 3t	3026	台班	358.370	10.000	—	—	—	—
	叉式起重机 6t	3027	台班	585.650	4.000	—	—	—	—
	叉式起重机 10t	3028	台班	836.860	3.000	—	—	—	—
	汽车起重机 5t	3010	台班	436.580	6.000	—	—	—	—
	汽车起重机 8t	3011	台班	784.710	3.000	—	—	—	—
	汽车起重机 16t	3013	台班	1027.710	12.000	—	—	—	—
	汽车起重机 30t	3016	台班	1233.760	2.000	—	—	—	—
	其他机具费	3999	元	—	2038.980	—	—	—	—
仪器仪表	频率综合器	4025	台班	309.700	—	12.000	8.000	2.000	1.000
	PCM 话路特性测试仪	4212	台班	141.380	—	8.000	6.000	1.000	1.000
	示波器	4112	台班	44.240	—	86.000	84.000	8.000	2.000
	逻辑分析仪	4155	台班	181.010	—	8.000	7.000	1.000	—
	噪声测试仪	4147	台班	83.960	—	5.000	5.000	1.000	1.000
	标准信号发生器	4005	台班	22.790	—	37.000	25.000	4.000	1.000
	频谱分析仪	4125	台班	105.670	—	15.000	12.000	2.000	1.000
	射频信号发生器	4016	台班	78.800	—	26.000	16.000	2.000	1.000
	扫频仪	4105	台班	290.850	—	7.000	6.000	1.000	1.000
	扫频信号发生器	4021	台班	287.730	—	12.000	11.000	2.000	1.000
	其他仪器仪表费	4999	元	—	248.030	2048.580	1673.760	270.610	140.940

十六、空中交通管制二次雷达

工作内容：结构安装、分系统调试、整机调试、外系统联试、检飞。　　　　　　　　　　　　计量单位：部

	定额编号				08016001	08016002	08016003	08016004	08016005
	项目名称				结构安装	分系统调试	整机调试	外系统联试	检飞
	预算基价				30202.73	94732.46	63615.41	26138.71	10076.24
其中	人工费（元）				21870.00	76613.50	48906.70	22249.40	9445.50
	材料费（元）				212.29	265.60	241.27	114.62	102.48
	机械费（元）				7976.79	—	—	—	—
	仪器仪表费（元）				143.65	17853.36	14467.44	3774.69	528.26
	名称	代号	单位	单价（元）	数量				
人工	安装工	1002	工日	145.80	150.000	—	—	—	—
	调试工	1003	工日	209.90	—	365.000	233.000	106.000	45.000
材料	打印纸 132 行（381–1）	216011	箱	250.600	—	0.200	0.200	0.100	0.100
	其他材料费	2999	元	—	212.290	215.480	191.150	89.560	77.420
机械	载货汽车 4t	3030	台班	445.940	3.000	—	—	—	—
	叉式起重机 3t	3026	台班	358.370	6.500	—	—	—	—
	电动葫芦（单速）2t	3056	台班	44.190	3.000	—	—	—	—
	汽车起重机 5t	3010	台班	436.580	2.500	—	—	—	—
	汽车起重机 8t	3011	台班	784.710	2.000	—	—	—	—
	汽车起重机 16t	3013	台班	1027.710	1.000	—	—	—	—
	其他机具费	3999	元	—	488.410	—	—	—	—
仪器仪表	网络分析仪	4220	台班	196.260	—	2.000	—	—	—
	中功率计	4052	台班	62.420	—	23.000	12.000	5.000	1.000
	逻辑分析仪	4155	台班	181.010	—	22.000	11.000	3.000	1.000
	天线图形记录仪	4160	台班	27.880	—	12.000	—	—	—
	误码率测试仪	4201	台班	90.980	—	3.000	3.000	5.000	1.000
	标准信号发生器	4005	台班	22.790	—	52.000	35.000	7.000	1.000
	示波器	4112	台班	44.240	—	36.000	12.000	7.000	1.000
	频谱分析仪	4126	台班	550.350	—	12.000	12.000	2.000	—
	射频信号发生器	4016	台班	78.800	—	17.000	28.000	7.000	1.000
	其他仪器仪表费	4999	元	—	143.650	713.940	1315.220	343.150	48.020

十七、港口管制雷达

工作内容：结构安装、分系统调试、整机调试、外系统联试、检飞。　　计量单位：部

					08017001	08017002	08017003	08017004	08017005
定额编号					08017001	08017002	08017003	08017004	08017005
项目名称					结构安装	分系统调试	整机调试	外系统联试	检飞
预算基价					17972.61	66831.31	55847.76	20385.38	9507.20
其中	人工费（元）				14871.60	53734.40	44918.60	18051.40	8396.00
其中	材料费（元）				221.31	264.16	274.93	139.81	99.18
其中	机械费（元）				2782.50	—	—	—	—
其中	仪器仪表费（元）				97.20	12832.75	10654.23	2194.17	1012.02
名称		代号	单位	单价（元）	数量				
人工	安装工	1002	工日	145.80	102.000	—	—	—	—
人工	调试工	1003	工日	209.90	—	256.000	214.000	86.000	40.000
材料	打印纸 132 行（381–1）	216011	箱	250.600	—	0.200	0.300	0.100	0.100
材料	其他材料费	2999	元	—	221.310	214.040	199.750	114.750	74.120
机械	叉式起重机 3t	3026	台班	358.370	1.000	—	—	—	—
机械	电动葫芦（单速）2t	3056	台班	44.190	1.000	—	—	—	—
机械	汽车起重机 5t	3010	台班	436.580	3.000	—	—	—	—
机械	载货汽车 4t	3030	台班	445.940	2.000	—	—	—	—
机械	其他机具费	3999	元	—	178.320	—	—	—	—
仪器仪表	网络分析仪	4220	台班	196.260	—	3.000	—	—	—
仪器仪表	功率计	4053	台班	42.830	—	12.000	24.000	2.000	1.000
仪器仪表	天线图形记录仪	4160	台班	27.880	—	9.000	—	—	—
仪器仪表	逻辑分析仪	4155	台班	181.010	—	18.000	17.000	3.000	1.000
仪器仪表	误码率测试仪	4201	台班	90.980	—	—	—	7.000	—
仪器仪表	标准信号发生器	4005	台班	22.790	—	46.000	40.000	5.000	1.000
仪器仪表	示波器	4112	台班	44.240	—	29.000	13.000	5.000	1.000
仪器仪表	频谱分析仪	4126	台班	550.350	—	4.000	3.000	—	1.000
仪器仪表	射频信号发生器	4016	台班	78.800	—	32.000	31.000	5.000	1.000
仪器仪表	其他仪器仪表费	4999	元	—	97.200	1166.610	968.570	199.470	92.000

十八、小型地面气象雷达

工作内容：结构安装、分系统调试、整机调试、外系统联试、检飞。　　计量单位：部

定额编号					08018001	08018002	08018003	08018004	08018005
项目名称					结构安装	分系统调试	整机调试	外系统联试	检飞
预算基价					23924.69	57035.55	49430.39	13372.05	4688.26
其中	人工费（元）				12101.40	50585.90	40720.60	9865.30	3358.40
	材料费（元）				216.36	315.97	3030.44	1516.86	736.79
	机械费（元）				11180.61	—	—	—	—
	仪器仪表费（元）				426.32	6133.68	5679.35	1989.89	593.07
名称		代号	单位	单价（元）	数量				
人工	安装工	1002	工日	145.80	83.000	—	—	—	—
	调试工	1003	工日	209.90	—	241.000	194.000	47.000	16.000
材料	气球 特制	218131	个	200.000	—	—	8.000	4.000	2.000
	氢气 特制	209431	瓶	40.000	—	—	16.000	8.000	4.000
	打印纸 132 行（381-1）	216011	箱	250.600	—	0.400	0.600	0.300	0.100
	其他材料费	2999	元	—	216.360	215.730	640.080	321.680	151.730
机械	载货汽车 6t	3031	台班	511.530	6.000	—	—	—	—
	叉式起重机 3t	3026	台班	358.370	6.000	—	—	—	—
	汽车起重机 5t	3010	台班	436.580	5.000	—	—	—	—
	汽车起重机 8t	3011	台班	784.710	4.000	—	—	—	—
	其他机具费	3999	元	—	639.470	—	—	—	—
仪器仪表	频谱分析仪	4127	台班	229.910	—	7.000	5.000	2.000	1.000
	示波器	4112	台班	44.240	—	40.000	35.000	12.000	1.000
	噪声系数测试仪	4149	台班	97.060	—	3.000	5.000	2.000	1.000
	小功率计	4050	台班	6.930	—	12.000	10.000	3.000	1.000
	数字频率计	4081	台班	125.740	—	6.000	8.000	3.000	1.000
	标准信号发生器	4010	台班	10.680	—	35.000	30.000	10.000	1.000
	标准信号发生器	4005	台班	22.790	—	30.000	25.000	5.000	1.000
	其他仪器仪表费	4999	元	—	426.320	568.430	530.730	186.310	55.720

十九、中型地面气象雷达

工作内容：结构安装、分系统调试、整机调试、外系统联试、检飞。　　　　　　　　　　计量单位：部

定额编号					08019001	08019002	08019003	08019004	08019005
项目名称					结构安装	分系统调试	整机调试	外系统联试	检飞
预算基价					66556.25	166825.32	146292.50	45257.46	10291.02
其中	人工费（元）				46364.40	154066.60	128668.70	39671.10	8605.90
	材料费（元）				359.82	451.86	7717.62	1830.74	741.00
	机械费（元）				18983.63	—	—	—	—
	仪器仪表费（元）				848.40	12306.86	9906.18	3755.62	944.12
名称		代号	单位	单价（元）	数量				
人工	安装工	1002	工日	145.80	318.000	—	—	—	—
	调试工	1003	工日	209.90	—	734.000	613.000	189.000	41.000
材料	气球 特制	218131	个	200.000	—	—	20.000	5.000	2.000
	氢气 特制	209431	瓶	40.000	—	—	40.000	10.000	4.000
	打印纸 132 行（381–1）	216011	箱	250.600	—	0.500	0.800	0.300	0.100
	其他材料费	2999	元	—	359.820	326.560	1917.140	355.560	155.940
机械	载货汽车 6t	3031	台班	511.530	9.000	—	—	—	—
	叉式起重机 3t	3026	台班	358.370	12.000	—	—	—	—
	汽车起重机 16t	3013	台班	1027.710	2.000	—	—	—	—
	汽车起重机 5t	3010	台班	436.580	4.000	—	—	—	—
	汽车起重机 8t	3011	台班	784.710	8.000	—	—	—	—
仪器仪表	频谱分析仪	4127	台班	229.910	—	12.000	8.000	4.000	1.000
	大功率计	4056	台班	33.840	—	12.000	18.000	3.000	1.000
	噪声系数测试仪	4149	台班	97.060	—	5.000	8.000	2.000	1.000
	示波器	4112	台班	44.240	—	70.000	45.000	15.000	1.000
	厘米波信号发生器	4014	台班	12.100	—	52.000	35.000	10.000	1.000
	扫频仪	4105	台班	290.850	—	6.000	5.000	3.000	1.000
	数字频率计	4081	台班	125.740	—	8.000	10.000	3.000	1.000
	标准信号发生器	4005	台班	22.790	—	46.000	28.000	7.000	1.000
	其他仪器仪表费	4999	元	—	848.400	1131.200	917.230	346.440	87.590

二十、大型地面气象雷达

工作内容：结构安装、分系统调试、整机调试、外系统联试、检飞。 计量单位：部

定额编号					08020001	08020002	08020003	08020004	08020005
项目名称					结构安装	分系统调试	整机调试	外系统联试	检飞
预算基价					122485.84	349257.89	241768.51	81884.26	13087.28
其中	人工费（元）				84272.40	333531.10	220604.90	72415.50	10704.90
	材料费（元）				322.02	404.59	8780.92	5195.68	1438.26
	机械费（元）				36828.19	—	—	—	—
	仪器仪表费（元）				1063.23	15322.20	12382.69	4273.08	944.12
名称		代号	单位	单价（元）	数量				
人工	安装工	1002	工日	145.80	578.000	—	—	—	—
	调试工	1003	工日	209.90	—	1589.000	1051.000	345.000	51.000
材料	气球 特制	218131	个	200.000	—	—	25.000	15.000	4.000
	氢气 特制	209431	瓶	40.000	—	—	50.000	30.000	8.000
	打印纸 132 行（381–1）	216011	箱	250.600	—	0.600	0.800	0.500	0.200
	其他材料费	2999	元	—	322.020	254.230	1580.440	870.380	268.140
机械	叉式起重机 3t	3026	台班	358.370	20.000	—	—	—	—
	叉式起重机 6t	3027	台班	585.650	8.000	—	—	—	—
	载货汽车 6t	3031	台班	511.530	12.000	—	—	—	—
	汽车起重机 8t	3011	台班	784.710	10.000	—	—	—	—
	汽车起重机 16t	3013	台班	1027.710	5.000	—	—	—	—
	汽车起重机 30t	3016	台班	1233.760	3.000	—	—	—	—
	其他机具费	3999	元	—	2150.300	—	—	—	—
仪器仪表	频谱分析仪	4127	台班	229.910	—	14.000	9.000	4.000	1.000
	大功率计	4056	台班	33.840	—	12.000	15.000	4.000	1.000
	噪声系数测试仪	4149	台班	97.060	—	5.000	12.000	3.000	1.000
	示波器	4112	台班	44.240	—	76.000	50.000	14.000	1.000
	厘米波信号发生器	4014	台班	12.100	—	60.000	45.000	15.000	1.000
	扫频仪	4105	台班	290.850	—	10.000	8.000	3.000	1.000
	数字频率计	4081	台班	125.740	—	15.000	12.000	5.000	1.000
	标准信号发生器	4005	台班	22.790	—	40.000	35.000	10.000	1.000
	其他仪器仪表费	4999	元	—	1063.230	1417.640	1251.350	396.890	87.590

第二节　安装机载雷达

一、机载多卜勒火控雷达

工作内容：结构安装、分系统调试、整机调试、外系统联试、检飞。　　　　计量单位：部

定额编号					08021001	08021002	08021003	08021004	08021005
项目名称					结构安装	分系统调试	整机调试	外系统联试	检飞
预算基价					16888.71	83323.12	173362.45	67858.49	41367.40
其中	人工费（元）				16038.00	75564.00	120482.60	54574.00	35263.20
	材料费（元）				37.18	—	5712.69	115.00	115.00
	机械费（元）				549.53	—	—	—	—
	仪器仪表费（元）				264.00	7759.12	47167.16	13169.49	5989.20
	名　称	代号	单位	单价（元）	数　量				
人工	安装工	1002	工日	145.80	110.000	—	—	—	—
	调试工	1003	工日	209.90	—	360.000	574.000	260.000	168.000
材料	电线	214221	m	20.000	—	—	200.000	—	—
	金属屏蔽套	208220	m	1.820	—	—	50.000	—	—
	激光打印纸	216010	盒	200.000	—	—	2.000	0.500	0.500
	低温润滑油	209188	kg	100.000	0.200	—	—	—	—
	电力电缆	214220	m	15.000	—	—	50.000	—	—
	其他材料费	2999	元	—	17.180	—	471.690	15.000	15.000
机械	载货汽车 6t	3031	台班	511.530	1.000	—	—	—	—
	其他机具费	3999	元	—	38.000	—	—	—	—
仪器仪表	矢量网络分析仪	4222	台班	1760.000	—	1.000	10.000	—	2.000
	便携式计算机	4311	台班	18.000	—	6.000	15.000	8.000	5.000
	雷达显控台	4246	台班	110.000	—	—	15.000	8.000	—
	雷达干扰信号模拟器	4250	台班	220.000	—	—	10.000	8.000	—
	雷达目标信号模拟器	4248	台班	264.000	—	—	10.000	8.000	—
	频谱分析仪	4126	台班	550.350		4.000	15.000	8.000	2.000
	校靶靶具	4252	台班	44.000	4.000	—	—	—	—
	数字示波器	4110	台班	396.000	—	6.000	15.000	8.000	2.000
	综合信号源	4035	台班	413.320	—	2.000	15.000	—	—
	其他仪器仪表费	4999	元	—	88.000	487.080	2412.110	702.690	486.500

二、机载远程多卜勒火控雷达

工作内容：结构安装、分系统调试、整机调试、外系统联试、检飞。　　计量单位：部

定额编号					08022001	08022002	08022003	08022004	08022005
项目名称					结构安装	分系统调试	整机调试	外系统联试	检飞
预算基价					91574.88	102508.78	222877.35	102577.27	57731.50
其中	人工费（元）				87917.40	88158.00	164141.80	79762.00	50585.90
	材料费（元）				86.30	2429.86	3433.34	120.00	230.00
	机械费（元）				2707.90	—	—	—	—
	仪器仪表费（元）				863.28	11920.92	55302.21	22695.27	6915.60
	名称	代号	单位	单价（元）	数量				
人工	安装工	1002	工日	145.80	603.000	—	—	—	—
	调试工	1003	工日	209.90	—	420.000	782.000	380.000	241.000
材料	金属屏蔽套	208220	m	1.820	—	20.000	3.000	—	—
	激光打印纸	216010	盒	200.000	—	1.000	—	0.500	1.000
	电力电缆	214220	m	15.000	—	—	50.000	—	—
	低温润滑油	209188	kg	100.000	0.400	—	—	—	—
	电线	214221	m	20.000	—	100.000	100.000	—	—
	其他材料费	2999	元	—	46.300	193.460	677.880	20.000	30.000
机械	载货汽车 6t	3031	台班	511.530	5.000	—	—	—	—
	其他机具费	3999	元	—	150.250	—	—	—	—
仪器仪表	矢量网络分析仪	4222	台班	1760.000	—	2.000	10.000	—	2.000
	便携式计算机	4311	台班	18.000	—	8.000	20.000	14.000	6.000
	雷达显控台	4246	台班	110.000	—	—	20.000	14.000	—
	雷达干扰信号模拟器	4250	台班	220.000	—	—	15.000	14.000	—
	雷达目标信号模拟器	4248	台班	264.000	—	—	15.000	14.000	—
	频谱分析仪	4126	台班	550.350	—	5.000	15.000	14.000	3.000
	校靶靶具	4252	台班	44.000	18.000	—	—	—	—
	数字示波器	4110	台班	396.000	—	8.000	20.000	14.000	3.000
	综合信号源	4035	台班	413.320	—	4.000	20.000	—	—
	其他仪器仪表费	4999	元	—	71.280	683.890	3440.560	878.370	448.550

三、舰载直升机反潜（超视距）雷达

工作内容：结构安装、分系统调试、整机调试、外系统联试、检飞。　　计量单位：部

定额编号					08023001	08023002	08023003	08023004	08023005
项目名称					结构安装	分系统调试	整机调试	外系统联试	检飞
预算基价					4454.89	45452.68	98496.82	31463.88	23279.77
其中	人工费（元）				4374.00	38201.80	75564.00	23508.80	20570.20
	材料费（元）				35.66	520.00	2535.45	115.00	115.00
	机械费（元）				—	—	—	—	—
	仪器仪表费（元）				45.23	6730.88	20397.37	7840.08	2594.57
名称		代号	单位	单价（元）	数量				
人工	安装工	1002	工日	145.80	30.000	—	—	—	—
	调试工	1003	工日	209.90	—	182.000	360.000	112.000	98.000
材料	金属屏蔽套	208220	m	1.820	—	40.000	100.000	—	—
	电力电缆	214220	m	15.000	—	—	50.000	—	—
	激光打印纸	216010	盒	200.000	—	—	2.000	0.500	0.500
	低温润滑油	209188	kg	100.000	0.200	—	—	—	—
	电线	214221	m	20.000	—	20.000	50.000	—	—
	其他材料费	2999	元	—	15.660	47.200	203.450	15.000	15.000
仪器仪表	二级检测设备	4256	台班	1100.000	—	—	3.000	—	—
	雷达显示器及电源	4244	台班	880.000	—	4.000	3.000	4.000	—
	雷达干扰信号模拟器	4250	台班	220.000	—	—	7.000	—	—
	雷达目标信号模拟器	4248	台班	264.000	—	—	7.000	—	—
	靶船	4254	台班	307.960	—	—	—	—	2.000
	频谱分析仪	4126	台班	550.350	—	2.000	7.000	4.000	1.000
	便携式计算机	4311	台班	18.000	—	3.000	7.000	4.000	3.000
	数字示波器	4110	台班	396.000	—	3.000	7.000	4.000	3.000
	综合信号源	4035	台班	413.320	—	1.000	7.000	—	—
	其他仪器仪表费	4999	元	—	45.230	454.860	1425.680	462.680	186.300

四、测 距 机

工作内容：结构安装、分系统调试、整机调试、外系统联试、检飞。　　计量单位：部

定 额 编 号					08024001	08024002	08024003	08024004	08024005
项 目 名 称					结构安装	分系统调试	整机调试	外系统联试	检飞
预 算 基 价					4116.46	6970.89	12591.17	7579.40	5987.23
其中	人工费（元）				4082.40	6297.00	11544.50	7556.40	5877.20
	材料费（元）				10.46	321.36	532.46	23.00	—
	机械费（元）				—	—	—	—	—
	仪器仪表费（元）				23.60	352.53	514.21	—	110.03
名　称		代号	单位	单价（元）	数　量				
人工	安装工	1002	工日	145.80	28.000	—	—	—	—
	调试工	1003	工日	209.90	—	30.000	55.000	36.000	28.000
材料	电线 AF-250-0.1	214210	m	15.000	—	15.000	30.000	—	—
	其他材料费	2999	元	—	10.460	96.360	82.460	23.000	—
仪器仪表	宽带频谱分析仪	4128	台班	18.260	—	3.000	5.000	—	1.000
	距离标准器	4228	台班	20.960	—	1.000	4.000	—	1.000
	雷达测试仪	4229	台班	27.190	—	2.000	5.000	—	1.000
	通用计数器	4083	台班	7.850	—	3.000	2.000	—	1.000
	标准信号发生器	4006	台班	10.440	—	4.000	6.000	—	1.000
	其他仪器仪表费	4999	元	—	23.600	157.100	124.780	—	25.330

五、多卜勒导航雷达

工作内容：结构安装、分系统调试、整机调试、外系统联试、检飞。　　计量单位：部

定 额 编 号					08025001	08025002	08025003	08025004	08025005
项 目 名 称					结构安装	分系统调试	整机调试	外系统联试	检飞
预 算 基 价					6133.87	20844.02	11671.99	7526.40	4510.61
其中	人工费（元）				6123.60	20150.40	10914.80	7346.50	4407.90
	材料费（元）				10.27	242.60	366.70	179.90	12.50
	机械费（元）				—	—	—	—	—
	仪器仪表费（元）				—	451.02	390.49	—	90.21
名　称		代号	单位	单价（元）	数　量				
人工	安装工	1002	工日	145.80	42.000	—	—	—	—
	调试工	1003	工日	209.90	—	96.000	52.000	35.000	21.000
材料	电线 AF-250-0.1	214210	m	15.000	—	12.000	20.000	10.000	—
	其他材料费	2999	元	—	10.270	62.600	66.700	29.900	12.500
仪器仪表	多卜勒信号模拟	4230	台班	10.590	—	6.000	5.000	—	1.000
	宽带示波器	4120	台班	44.240	—	6.000	5.000	—	1.000
	扫频信号发生器	4020	台班	27.280	—	3.000	3.000	—	1.000
	其他仪器仪表费	4999	元	—	—	40.200	34.500	—	8.100

六、连续波多功能星弹应答机

工作内容：结构安装、分系统调试、整机调试、外系统联试。 计量单位：部

定额编号					08026001	08026002	08026003	08026004
项目名称					结构安装	分系统调试	整机调试	外系统联试
预算基价					4736.09	11832.32	19994.70	10592.86
其中	人工费（元）				4665.60	9445.50	17001.90	10075.20
	材料费（元）				27.99	209.02	274.50	—
	机械费（元）				—	—	—	—
	仪器仪表费（元）				42.50	2177.80	2718.30	517.66
名称		代号	单位	单价（元）	数量			
人工	安装工	1002	工日	145.80	32.000	—	—	—
	调试工	1003	工日	209.90	—	45.000	81.000	48.000
材料	电线 AF-250-0.1	214210	m	15.000	—	10.000	15.000	—
	其他材料费	2999	元	—	27.990	59.020	49.500	—
仪器仪表	专用测试设备	4231	台班	415.000	—	4.000	6.000	1.000
	示波器	4111	台班	14.090	—	8.000	—	4.000
	通用计数器	4083	台班	7.850	—	8.000	—	—
	宽带频谱分析仪	4128	台班	18.260	—	8.000	—	—
	其他仪器仪表费	4999	元	—	42.500	196.200	228.300	46.300

七、脉冲多卜勒星弹应答机

工作内容：结构安装、分系统调试、整机调试、外系统联试。 计量单位：部

定额编号					08027001	08027002	08027003	08027004
项目名称					结构安装	分系统调试	整机调试	外系统联试
预算基价					4429.06	15367.39	18805.30	8907.44
其中	人工费（元）				4374.00	12594.00	15532.60	8605.90
	材料费（元）				26.46	202.40	267.90	—
	机械费（元）				—	—	—	—
	仪器仪表费（元）				28.60	2570.99	3004.80	301.54
名称		代号	单位	单价（元）	数量			
人工	安装工	1002	工日	145.80	30.000	—	—	—
	调试工	1003	工日	209.90	—	60.000	74.000	41.000
材料	电线 AF-250-0.1	214210	m	15.000	—	10.000	15.000	—
	其他材料费	2999	元	—	26.460	52.400	42.900	—
仪器仪表	精密衰减器	4195	台班	6.230	—	5.000	—	—
	调试台	4233	台班	8.510	—	10.000	10.000	1.000
	模拟信号源	4233	台班	265.930	—	8.000	10.000	1.000
	厘米波信号发生器	4014	台班	12.100	—	10.000	—	—
	其他仪器仪表费	4999	元	—	28.600	206.300	260.400	27.100

八、询问应答机

工作内容：结构安装、分系统调试、整机调试、外系统联试、检飞。　　　　　　　　计量单位：部

定额编号					08028001	08028002	08028003	08028004	08028005
项目名称					结构安装	分系统调试	整机调试	外系统联试	检飞
预算基价					6006.56	9379.95	16398.66	9894.10	5528.18
其中	人工费（元）				5832.00	8815.80	15532.60	9655.40	5457.40
	材料费（元）				145.96	236.01	351.78	97.50	—
	机械费（元）				—	—	—	—	—
	仪器仪表费（元）				28.60	328.14	514.28	141.20	70.78
名称		代号	单位	单价（元）	数量				
人工	安装工	1002	工日	145.80	40.000	—	—	—	—
	调试工	1003	工日	209.90	—	42.000	74.000	46.000	26.000
材料	电线 AF–250–0.1	214210	m	15.000	8.000	12.000	20.000	5.000	—
	其他材料费	2999	元	—	25.960	56.010	51.780	22.500	—
仪器仪表	标准信号发生器	4007	台班	22.790	—	—	—	—	1.000
	译码器	4242	台班	12.650	—	5.000	8.000	2.000	1.000
	询问器	4240	台班	16.810	—	5.000	8.000	2.000	1.000
	标准信号发生器	4008	台班	10.680	—	5.000	8.000	2.000	—
	其他仪器仪表费	4999	元	—	28.600	127.440	193.160	60.920	18.530

第三节　安装舰（船）载雷达

一、中程对空警戒雷达（Ⅰ）

工作内容：结构安装、分系统调试、整机调试、外系统联试、检飞。　　计量单位：部

定额编号					08029001	08029002	08029003	08029004	08029005
项目名称					结构安装	分系统调试	整机调试	外系统联试	检飞
预算基价					36781.11	52062.59	52428.64	32646.54	15569.10
其中	人工费（元）				32367.60	48277.00	49326.50	31065.20	15112.80
	材料费（元）				341.74	111.77	60.80	22.57	—
	机械费（元）				4016.53	—	—	—	—
	仪器仪表费（元）				55.24	3673.82	3041.34	1558.77	456.30
名称		代号	单位	单价（元）	数量				
人工	安装工	1002	工日	145.80	222.000	—	—	—	—
	调试工	1003	工日	209.90	—	230.000	235.000	148.000	72.000
材料	其他材料费	2999	元	—	341.740	111.770	60.800	22.570	—
机械	电动葫芦（单速）2t	3056	台班	44.190	2.000	—	—	—	—
	管子切断机 ϕ150 以内	3093	台班	43.570	1.000	—	—	—	—
	电动弯管机 ϕ108 以内	3084	台班	104.430	1.000	—	—	—	—
	汽车起重机 5t	3010	台班	436.580	3.000	—	—	—	—
	汽车起重机 20t	3014	台班	1116.120	1.000	—	—	—	—
	叉式起重机 3t	3026	台班	358.370	3.000	—	—	—	—
	其他机具费	3999	元	—	279.180	—	—	—	—
仪器仪表	噪声系数测试仪	4149	台班	97.060	—	2.000	2.000	1.000	1.000
	示波器	4112	台班	44.240	—	40.000	32.000	14.000	1.000
	大功率计	4057	台班	12.390	—	5.000	5.000	2.000	1.000
	频谱分析仪	4127	台班	229.910	—	3.000	3.000	2.000	1.000
	标准信号发生器	4005	台班	22.790	—	20.000	14.000	8.000	1.000
	通用计数器	4083	台班	7.850	—	20.000	10.000	4.000	1.000
	其他仪器仪表费	4999	元	—	55.240	345.620	282.300	144.030	42.060

二、中程对空警戒雷达（Ⅱ）

工作内容：结构安装、分系统调试、整机调试、外系统联试、检飞。　　计量单位：部

定额编号					08030001	08030002	08030003	08030004	08030005
项目名称					结构安装	分系统调试	整机调试	外系统联试	检飞
预算基价					42400.57	176900.04	150687.20	45825.49	15733.84
其中	人工费（元）				35137.80	168549.70	141262.70	42399.80	14693.00
	材料费（元）				400.80	759.36	3971.00	644.97	68.92
	机械费（元）				6798.73	—	—	—	—
	仪器仪表费（元）				63.24	7590.98	5453.50	2780.72	971.92
	名　称	代号	单位	单价（元）	数　量				
人工	安装工	1002	工日	145.80	241.000	—	—	—	—
	调试工	1003	工日	209.90	—	803.000	673.000	202.000	70.000
材料	气球 特制	218131	个	200.000	—	—	5.000	—	—
	氢气 特制	209431	瓶	40.000	—	—	10.000	—	—
	反射靶 特制	218132	个	200.000	—	—	5.000	—	—
	色带	216020	盒	25.000	—	1.000	1.000	0.500	0.200
	打印纸 132 行（381–1）	216011	箱	250.600	—	2.000	3.000	2.000	0.200
	其他材料费	2999	元	—	400.800	233.160	794.200	131.270	13.800
机械	电动葫芦（单速）2t	3056	台班	44.190	4.000	—	—	—	—
	管子切断机 ϕ150 以内	3093	台班	43.570	1.000	—	—	—	—
	电动弯管机 ϕ108 以内	3084	台班	104.430	1.000	—	—	—	—
	汽车起重机 8t	3011	台班	784.710	4.000	—	—	—	—
	载货汽车 6t	3031	台班	511.530	3.000	—	—	—	—
	叉式起重机 3t	3026	台班	358.370	4.000	—	—	—	—
	其他机具费	3999	元	—	367.060	—	—	—	—
仪器仪表	大功率计	4057	台班	12.390	—	5.000	5.000	2.000	1.000
	示波器	4112	台班	44.240	—	40.000	30.000	16.000	1.000
	逻辑分析仪	4155	台班	181.010	—	4.000	3.000	2.000	1.000
	噪声系数测试仪	4149	台班	97.060	—	3.000	2.000	2.000	1.000
	网络分析仪	4220	台班	196.260	—	3.000	2.000	1.000	—
	标准信号发生器	4005	台班	22.790	—	21.000	15.000	10.000	1.000
	频谱分析仪	4127	台班	229.910	—	6.000	5.000	2.000	1.000
	扫频信号发生器	4021	台班	287.730	—	5.000	3.000	1.000	1.000
	通用计数器	4083	台班	7.850	—	20.000	10.000	8.000	1.000
	其他仪器仪表费	4999	元	—	63.240	701.730	501.590	257.450	88.940

三、中程对海警戒雷达（Ⅰ）

工作内容：结构安装、分系统调试、整机调试、外系统联试、检飞。　　计量单位：部

定额编号					08031001	08031002	08031003	08031004	08031005
项目名称					结构安装	分系统调试	整机调试	外系统联试	检飞
预算基价					37477.87	56003.76	70826.69	72905.40	11157.06
其中	人工费（元）				27847.80	50166.10	66328.40	69057.10	10285.10
	材料费（元）				488.50	312.37	1894.59	1244.60	39.37
	机械费（元）				9079.10	—	—	—	—
	仪器仪表费（元）				62.47	5525.29	2603.70	2603.70	832.59
名称		代号	单位	单价（元）	数量				
人工	安装工	1002	工日	145.80	191.000	—	—	—	—
	调试工	1003	工日	209.90	—	239.000	316.000	329.000	49.000
材料	氢气 特制	209431	瓶	40.000	—	—	6.000	4.000	—
	反射靶 特制	218132	个	200.000	—	—	3.000	2.000	—
	气球 特制	218131	个	200.000	—	—	3.000	2.000	—
	其他材料费	2999	元	—	488.500	312.370	454.590	284.600	39.370
机械	叉式起重机 3t	3026	台班	358.370	10.000	—	—	—	—
	电动葫芦（单速）2t	3056	台班	44.190	7.000	—	—	—	—
	汽车起重机 8t	3011	台班	784.710	4.000	—	—	—	—
	载货汽车 6t	3031	台班	511.530	3.000	—	—	—	—
	其他机具费	3999	元	—	512.640	—	—	—	—
仪器仪表	示波器	4112	台班	44.240	—	20.000	10.000	10.000	2.000
	噪声测试仪	4147	台班	83.960	—	6.000	2.000	2.000	1.000
	网络分析仪	4220	台班	196.260	—	2.000	—	—	—
	功率计	4053	台班	42.830	—	10.000	1.000	1.000	—
	频谱分析仪	4127	台班	229.910	—	8.000	6.000	6.000	2.000
	标准信号发生器	4005	台班	22.790	—	15.000	6.000	6.000	2.000
	微波频率计数器	4080	台班	39.530	—	16.000	5.000	5.000	2.000
	其他仪器仪表费	4999	元	—	62.470	502.300	236.700	236.700	75.690

四、中程对海警戒雷达（Ⅱ）

工作内容：结构安装、分系统调试、整机调试、外系统联试、检飞。　　计量单位：部

定额编号					08032001	08032002	08032003	08032004	08032005
项目名称					结构安装	分系统调试	整机调试	外系统联试	检飞
预算基价					39683.47	102803.58	167460.83	98053.53	13004.23
其中	人工费（元）				30326.40	93615.40	156585.40	95714.40	11964.30
	材料费（元）				390.04	390.83	3385.20	174.14	66.24
	机械费（元）				8762.96	—	—	—	—
	仪器仪表费（元）				204.07	8797.35	7490.23	2164.99	973.69
	名称	代号	单位	单价（元）	数量				
人工	安装工	1002	工日	145.80	208.000	—	—	—	—
	调试工	1003	工日	209.90	—	446.000	746.000	456.000	57.000
材料	反射靶 特制	218132	个	200.000	—	—	5.000	—	—
	氢气 特制	209431	瓶	40.000	—	—	10.000	—	—
	气球 特制	218131	个	200.000	—	—	5.000	—	—
	打印纸 132 行（381–1）	216011	箱	250.600	—	0.500	1.000	0.500	0.200
	其他材料费	2999	元	—	390.040	265.530	734.600	48.840	16.120
机械	电动葫芦（单速）2t	3056	台班	44.190	2.000	—	—	—	—
	管子切断机 ϕ150 以内	3093	台班	43.570	1.000	—	—	—	—
	电动弯管机 ϕ108 以内	3084	台班	104.430	1.000	—	—	—	—
	叉式起重机 3t	3026	台班	358.370	10.000	—	—	—	—
	汽车起重机 5t	3010	台班	436.580	3.000	—	—	—	—
	汽车起重机 16t	3013	台班	1027.710	2.000	—	—	—	—
	载货汽车 6t	3031	台班	511.530	2.000	—	—	—	—
	其他机具费	3999	元	—	554.660	—	—	—	—
仪器仪表	噪声测试仪	4147	台班	83.960	—	6.000	4.000	2.000	1.000
	示波器	4112	台班	44.240	—	53.000	40.000	10.000	2.000
	功率计	4053	台班	42.830	—	5.000	7.000	2.000	1.000
	网络分析仪	4220	台班	196.260	—	2.000	—	—	—
	误码率测试仪	4201	台班	90.980	—	3.000	4.000	2.000	1.000
	标准信号发生器	4005	台班	22.790	—	50.000	30.000	—	2.000
	频谱分析仪	4127	台班	229.910	—	4.000	8.000	2.000	1.000
	扫频信号发生器	4021	台班	287.730	—	7.000	5.000	2.000	1.000
	通用计数器	4083	台班	7.850	—	25.000	10.000	7.000	2.000
	其他仪器仪表费	4999	元	—	204.070	799.760	680.930	196.820	88.520

五、舰载目标指示雷达

工作内容：结构安装、分系统调试、整机调试、外系统联试、检飞。　　计量单位：部

定额编号				08033001	08033002	08033003	08033004	08033005
项目名称				结构安装	分系统调试	整机调试	外系统联试	检飞
预算基价				61232.62	156340.89	245674.85	141571.99	17034.35
其中	人工费（元）			53217.00	149029.00	236557.30	137694.40	15952.40
	材料费（元）			431.87	910.26	4031.52	798.27	94.58
	机械费（元）			7501.49	—	—	—	—
	仪器仪表费（元）			82.26	6401.63	5086.03	3079.32	987.37
名称		代号	单位	单价（元）	数量			
人工	安装工	1002	工日	145.80	365.000	—	—	—	—
	调试工	1003	工日	209.90	—	710.000	1127.000	656.000	76.000
材料	气球 特制	218131	个	200.000	—	—	5.000	—	—
	氢气 特制	209431	瓶	40.000	—	—	10.000	—	—
	角发射体 特制	218134	个	200.000	—	—	5.000	—	—
	色带	216020	盒	25.000	—	1.000	1.000	0.500	—
	打印纸 132 行（381–1）	216011	箱	250.600	—	2.500	3.200	2.500	0.300
	其他材料费	2999	元	—	431.870	258.760	804.600	159.270	19.400
机械	电动葫芦（单速）2t	3056	台班	44.190	5.000	—	—	—	—
	管子切断机 ϕ150 以内	3093	台班	43.570	1.000	—	—	—	—
	电动弯管机 ϕ108 以内	3084	台班	104.430	1.000	—	—	—	—
	叉式起重机 3t	3026	台班	358.370	5.000	—	—	—	—
	汽车起重机 8t	3011	台班	784.710	3.000	—	—	—	—
	汽车起重机 16t	3013	台班	1027.710	1.000	—	—	—	—
	载货汽车 6t	3031	台班	511.530	3.000	—	—	—	—
	其他机具费	3999	元	—	424.260	—	—	—	—
仪器仪表	大功率计	4055	台班	33.840	—	5.000	5.000	2.000	1.000
	示波器	4112	台班	44.240	—	35.000	30.000	20.000	1.000
	逻辑分析仪	4155	台班	181.010	—	3.000	3.000	1.000	1.000
	噪声系数测试仪	4149	台班	97.060	—	2.000	2.000	1.000	1.000
	网络分析仪	4220	台班	196.260	—	3.000	2.000	1.000	—
	厘米波信号发生器	4014	台班	12.100	—	16.000	10.000	5.000	1.000
	频谱分析仪	4127	台班	229.910	—	6.000	4.000	3.000	1.000
	扫频信号发生器	4021	台班	287.730	—	3.000	3.000	2.000	1.000
	双脉冲信号发生器	4029	台班	11.720	—	29.000	8.000	4.000	1.000
	其他仪器仪表费	4999	元	—	82.260	581.970	462.370	279.940	89.760

六、舰载测量雷达（单脉冲体制）

工作内容：结构安装、分系统调试、整机调试、外系统联试、检飞。　　　　计量单位：部

定额编号					08034001	08034002	08034003	08034004	08034005
项目名称					结构安装	分系统调试	整机调试	外系统联试	检飞
预算基价					188965.87	410493.42	396421.15	190057.78	17928.89
其中	人工费（元）				167232.60	395661.50	378869.50	179044.70	16582.10
	材料费（元）				467.33	1080.58	6457.38	4335.35	130.24
	机械费（元）				21052.34	—	—	—	—
	仪器仪表费（元）				213.60	13751.34	11094.27	6677.73	1216.55
	名称	代号	单位	单价（元）	数量				
人工	安装工	1002	工日	145.80	1147.000	—	—	—	—
	调试工	1003	工日	209.90	—	1885.000	1805.000	853.000	79.000
材料	氢气 特制	209431	瓶	40.000	—	—	30.000	20.000	—
	气球 特制	218131	个	200.000	—	—	15.000	10.000	—
	色带	216020	盒	25.000	—	1.000	1.000	0.500	0.200
	打印纸 132 行（381–1）	216011	箱	250.600	—	3.000	3.500	2.500	0.400
	其他材料费	2999	元	—	467.330	303.780	1355.280	896.350	25.000
机械	电动葫芦（单速）2t	3056	台班	44.190	5.000	—	—	—	—
	电动葫芦（单速）5t	3058	台班	55.250	5.000	—	—	—	—
	电动弯管机 ϕ108 以内	3084	台班	104.430	4.000	—	—	—	—
	管子切断机 ϕ150 以内	3093	台班	43.570	4.000	—	—	—	—
	叉式起重机 3t	3026	台班	358.370	7.000	—	—	—	—
	汽车起重机 8t	3011	台班	784.710	5.000	—	—	—	—
	汽车起重机 16t	3013	台班	1027.710	6.000	—	—	—	—
	汽车起重机 40t	3017	台班	1712.270	2.000	—	—	—	—
	载货汽车 6t	3031	台班	511.530	5.000	—	—	—	—
	其他机具费	3999	元	—	1382.550	—	—	—	—
仪器仪表	示波器	4112	台班	44.240	—	40.000	33.000	16.000	1.000
	网络分析仪	4220	台班	196.260	—	6.000	4.000	3.000	1.000
	大功率计	4055	台班	33.840	—	5.000	5.000	3.000	1.000
	逻辑分析仪	4155	台班	181.010	—	6.000	4.000	3.000	1.000
	噪声系数测试仪	4149	台班	97.060	—	3.000	2.000	2.000	1.000
	厘米波信号发生器	4014	台班	12.100	—	30.000	26.000	15.000	1.000
	频谱分析仪	4127	台班	229.910	—	12.000	10.000	5.000	1.000
	脉冲信号发生器	4028	台班	15.370	—	25.000	15.000	12.000	1.000
	扫频信号发生器	4021	台班	287.730	—	15.000	13.000	8.000	1.000
	通用计数器	4083	台班	7.850	—	22.000	20.000	14.000	1.000
	其他仪器仪表费	4999	元	—	213.600	1262.920	1020.210	615.210	111.180

七、舰载测量雷达（连续波体制）

工作内容：结构安装、分系统调试、整机调试、外系统联试、检飞。　　计量单位：部

					08035001	08035002	08035003	08035004	08035005
定额编号					08035001	08035002	08035003	08035004	08035005
项目名称					结构安装	分系统调试	整机调试	外系统联试	检飞
预算基价					192685.92	463728.25	364481.20	273685.48	27389.34
其中	人工费（元）				168107.40	447716.70	344865.70	258806.70	26027.60
	材料费（元）				467.33	1081.38	6848.10	5102.27	130.24
	机械费（元）				23897.59	—	—	—	—
	仪器仪表费（元）				213.60	14930.17	12767.40	9776.51	1231.50
	名　称	代号	单位	单价（元）	数　量				
人工	安装工	1002	工日	145.80	1153.000	—	—	—	—
	调试工	1003	工日	209.90	—	2133.000	1643.000	1233.000	124.000
材料	氢气 特制	209431	瓶	40.000	—	—	32.000	24.000	—
	气球 特制	218131	个	200.000	—	—	16.000	12.000	—
	色带	216020	盒	25.000	—	1.000	1.000	0.500	0.200
	打印纸 132 行（381–1）	216011	箱	250.600	—	3.000	3.600	2.700	0.400
	其他材料费	2999	元	—	467.330	304.580	1440.940	1053.150	25.000
机械	电动葫芦（单速）5t	3058	台班	55.250	5.000	—	—	—	—
	电动葫芦（单速）2t	3056	台班	44.190	5.000	—	—	—	—
	电动弯管机 ϕ108 以内	3084	台班	104.430	4.000	—	—	—	—
	管子切断机 ϕ150 以内	3093	台班	43.570	4.000	—	—	—	—
	叉式起重机 3t	3026	台班	358.370	8.000	—	—	—	—
	汽车起重机 8t	3011	台班	784.710	6.000	—	—	—	—
	汽车起重机 16t	3013	台班	1027.710	7.000	—	—	—	—
	汽车起重机 40t	3017	台班	1712.270	2.000	—	—	—	—
	载货汽车 6t	3031	台班	511.530	6.000	—	—	—	—
	其他机具费	3999	元	—	1545.480	—	—	—	—
仪器仪表	大功率计	4055	台班	33.840	—	5.000	5.000	3.000	1.000
	话路特性测试仪	4214	台班	28.960	—	4.000	4.000	5.000	1.000
	噪声系数测试仪	4149	台班	97.060	—	4.000	3.000	2.000	1.000
	网络分析仪	4220	台班	196.260	—	6.000	4.000	3.000	1.000
	逻辑分析仪	4155	台班	181.010	—	6.000	4.000	3.000	1.000
	厘米波信号发生器	4014	台班	12.100	—	32.000	25.000	15.000	1.000
	示波器	4112	台班	44.240	—	46.000	40.000	20.000	1.000
	通用计数器	4083	台班	7.850	—	26.000	24.000	18.000	1.000
	频谱分析仪	4127	台班	229.910	—	16.000	14.000	9.000	1.000
	扫频信号发生器	4021	台班	287.730	—	15.000	14.000	14.000	1.000
	其他仪器仪表费	4999	元	—	213.600	1372.420	1174.640	899.250	112.540

八、舰载火控雷达

工作内容：结构安装、分系统调试、整机调试、外系统联试、检飞。 计量单位：部

定额编号					08036001	08036002	08036003	08036004	08036005
项目名称					结构安装	分系统调试	整机调试	外系统联试	检飞
预算基价					24597.51	60504.55	65213.18	37820.03	9426.88
其中	人工费（元）				21870.00	56253.20	58142.30	36732.50	8396.00
	材料费（元）				333.12	147.65	4106.35	16.84	16.84
	机械费（元）				2236.69	—	—	—	—
	仪器仪表费（元）				157.70	4103.70	2964.53	1070.69	1014.04
名称		代号	单位	单价（元）	数量				
人工	安装工	1002	工日	145.80	150.000	—	—	—	—
	调试工	1003	工日	209.90	—	268.000	277.000	175.000	40.000
材料	氩气 特制	209428	瓶	80.000	—	—	12.000	—	—
	反射靶 特制	218132	个	200.000	—	—	6.000	—	—
	气球 特制	218131	个	200.000	—	—	6.000	—	—
	其他材料费	2999	元	—	333.120	147.650	746.350	16.840	16.840
机械	电动葫芦（单速）2t	3056	台班	44.190	1.000	—	—	—	—
	载货汽车 6t	3031	台班	511.530	1.000	—	—	—	—
	汽车起重机 8t	3011	台班	784.710	2.000	—	—	—	—
	其他机具费	3999	元	—	111.550	—	—	—	—
仪器仪表	网络分析仪	4220	台班	196.260	—	1.000	—	—	—
	噪声测试仪	4147	台班	83.960	—	3.000	3.000	—	1.000
	功率计	4053	台班	42.830	—	5.000	3.000	1.000	1.000
	舰船摇摆发送模拟器	4226	台班	47.250	—	5.000	5.000	8.000	2.000
	误码率测试仪	4201	台班	90.980	—	3.000	3.000	1.000	1.000
	标准信号发生器	4005	台班	22.790	—	12.000	6.000	3.000	2.000
	示波器	4112	台班	44.240	—	18.000	20.000	8.000	2.000
	频谱分析仪	4127	台班	229.910	—	6.000	3.000	—	2.000
	通用计数器	4083	台班	7.850	—	14.000	12.000	5.000	2.000
	其他仪器仪表费	4999	元	—	157.700	373.060	269.500	97.340	92.190

九、舰载制导雷达

工作内容：结构安装、分系统调试、整机调试、外系统联试、检飞。　　计量单位：部

定额编号					08037001	08037002	08037003	08037004	08037005
项目名称					结构安装	分系统调试	整机调试	外系统联试	检飞
预算基价					27036.74	101113.61	127001.53	73973.58	12910.48
其中	人工费（元）				24348.60	95294.60	119433.10	69896.70	11754.40
	材料费（元）				293.75	248.39	2909.46	1476.88	66.44
	机械费（元）				2236.69	—	—	—	—
	仪器仪表费（元）				157.70	5570.62	4658.97	2600.00	1089.64
名称		代号	单位	单价（元）	数量				
人工	安装工	1002	工日	145.80	167.000	—	—	—	—
	调试工	1003	工日	209.90	—	454.000	569.000	333.000	56.000
材料	反射靶 特制	218132	个	200.000	—	—	4.000	2.000	—
	氩气 特制	209428	瓶	80.000	—	—	8.000	4.000	—
	气球 特制	218131	个	200.000	—	—	4.000	2.000	—
	打印纸 132 行（381-1）	216011	箱	250.600	—	0.200	0.200	0.200	0.100
	其他材料费	2999	元	—	293.750	198.270	619.340	306.760	41.380
机械	电动葫芦（单速）2t	3056	台班	44.190	1.000	—	—	—	—
	载货汽车 6t	3031	台班	511.530	1.000	—	—	—	—
	汽车起重机 8t	3011	台班	784.710	2.000	—	—	—	—
	其他机具费	3999	元	—	111.550	—	—	—	—
仪器仪表	网络分析仪	4220	台班	196.260	—	1.000	—	—	—
	十进频率综合信号发生器	4038	台班	69.300	—	3.000	3.000	2.000	2.000
	舰船摇摆发送模拟器	4226	台班	47.250	—	10.000	8.000	5.000	2.000
	雷达综合测试仪	4227	台班	18.360	—	6.000	4.000	1.000	1.000
	功率计	4053	台班	42.830	—	6.000	5.000	3.000	—
	标准信号发生器	4005	台班	22.790	—	30.000	24.000	15.000	4.000
	噪声测试仪	4147	台班	83.960	—	4.000	3.000	1.000	1.000
	通用计数器	4083	台班	7.850	—	12.000	11.000	8.000	2.000
	示波器	4112	台班	44.240	—	30.000	30.000	15.000	2.000
	频谱分析仪	4127	台班	229.910	—	6.000	5.000	3.000	2.000
	其他仪器仪表费	4999	元	—	157.700	506.420	423.540	236.360	99.060

十、舰载多功能相控阵雷达

工作内容：结构安装、分系统调试、整机调试、外系统联试、检飞。　　计量单位：部

					08038001	08038002	08038003	08038004	08038005
定额编号					08038001	08038002	08038003	08038004	08038005
项目名称					结构安装	分系统调试	整机调试	外系统联试	检飞
预算基价					615365.57	1086138.95	1504185.20	767771.38	57755.74
其中	人工费（元）				596759.40	1031028.80	1374635.10	687212.60	51215.60
	材料费（元）				1632.84	922.06	40051.46	26767.02	3513.69
	机械费（元）				16476.37	—	—	—	—
	仪器仪表费（元）				496.96	54188.09	89498.64	53791.76	3026.45
名称		代号	单位	单价（元）	数量				
人工	安装工	1002	工日	145.80	4093.000	—	—	—	—
	调试工	1003	工日	209.90	—	4912.000	6549.000	3274.000	244.000
材料	气球 特制	218131	个	200.000	—	—	90.000	60.000	8.000
	氩气 特制	209428	瓶	80.000	—	—	180.000	120.000	16.000
	打印纸 132 行（381–1）	216011	箱	250.600	—	2.000	3.000	2.000	0.100
	其他材料费	2999	元	—	1632.840	420.860	6899.660	4665.820	608.630
机械	电动葫芦（单速）2t	3056	台班	44.190	60.000	—	—	—	—
	载货汽车 6t	3031	台班	511.530	10.000	—	—	—	—
	汽车起重机 8t	3011	台班	784.710	10.000	—	—	—	—
	其他机具费	3999	元	—	862.570	—	—	—	—
仪器仪表	网络分析仪	4220	台班	196.260	—	45.000	50.000	—	—
	幅相测试仪	4142	台班	19.220	—	45.000	80.000	55.000	3.000
	扫频仪	4105	台班	290.850	—	45.000	80.000	55.000	3.000
	十进频率综合信号发生器	4038	台班	69.300	—	45.000	80.000	55.000	3.000
	脉冲功率计	4060	台班	42.830	—	45.000	80.000	55.000	3.000
	标准信号发生器	4005	台班	22.790	—	45.000	80.000	55.000	3.000
	噪声测试仪	4147	台班	83.960	—	5.000	5.000	—	1.000
	数字频率计	4081	台班	125.740	—	45.000	80.000	55.000	3.000
	示波器	4112	台班	44.240	—	90.000	160.000	110.000	6.000
	频谱分析仪	4127	台班	229.910	—	45.000	80.000	55.000	3.000
	其他仪器仪表费	4999	元	—	496.960	4926.190	8136.240	4890.160	275.130

第二章
有线电视、卫星接收系统工程

说明及工程量计算规则

说　　明

1. 本章主要内容包括：有线广播电视、卫星电视、闭路电视系统设备的安装、调试工程。

2. 本章涉及的电缆管道、杆路工程参考国家相关定额。

3. 本章内的电缆槽架按本定额第五册《洁净厂房、数据中心及电子环境工程》第三章“电气设备安装工程”中有关电缆槽架定额计算。

4. 本章内的卫星电视接收站天线按成套设备购置考虑，在安装时如需配套材料由设计按实际计列。

5. 本章卫星电视接收站天线在楼顶上吊装，是按楼顶距地面20m以下考虑的。

工程量计算规则

1. 砖、混凝土凿槽，以“m”计算。

2. 混凝土墙及楼板打孔，砖墙、混凝土墙凿墙洞，以“个”计算。

3. 敷设卫星电视接收站天线电缆，以“m”计算。

4. 制作卫星电视接收站天线电缆接头，以“头”计算。

5. 电视墙安装、前端射频设备安装、调试，以“套”计算。

6. 卫星地面站接收设备、光端设备、有线电视系统管理设备安装、调试，以“台”计算。

7. 干线网络设备、分配网络设备安装、调试，以“个”计算。

8. 数字电视设备、交互式数字平台安装、调试，以“台”计算。

第一节　辅 助 工 程

一、开　　槽

工作内容：定位、凿槽、稳固管、固定、清理渣土、填补等。　　　　计量单位：m

定额编号					09001001	09001002	09001003	09001004
项目名称					开槽			
					砖槽		混凝土槽	
					管径 40mm	管径 75mm	管径 40mm	管径 75mm
预算基价					11.38	17.52	41.07	102.83
其中	人工费（元）				10.45	15.05	40.14	100.36
	材料费（元）				0.93	2.47	0.93	2.47
	机械费（元）				—	—	—	—
	仪器仪表费（元）				—	—	—	—
名称		代号	单位	单价（元）	数量			
人工	普工	1001	工日	83.63	0.125	0.180	0.480	1.200
材料	其他材料费	2999	元	—	0.930	2.470	0.930	2.470

二、混凝土墙打孔

工作内容：定位、打孔、稳固管、固定、清理渣土、填补等。　　　　计量单位：个

定额编号					09002001	09002002	09002003
项目名称					厚度≤ 100mm 孔径（mm）		
					25	50	120
预算基价					12.39	15.65	18.33
其中	人工费（元）				12.13	14.97	17.56
	材料费（元）				0.26	0.68	0.77
	机械费（元）				—	—	—
	仪器仪表费（元）				—	—	—
名称		代号	单位	单价（元）	数量		
人工	普工	1001	工日	83.63	0.145	0.179	0.210
材料	其他材料费	2999	元	—	0.260	0.680	0.770

三、混凝土楼板打孔

工作内容：定位、打孔、稳固管、固定、清理渣土、填补等。　　计量单位：个

定额编号					09003001	09003002	09003003
项目名称					厚度≤100mm 孔径（mm）		
					25	50	120
预算基价					9.29	13.39	15.41
其中	人工费（元）				9.03	12.71	14.64
	材料费（元）				0.26	0.68	0.77
	机械费（元）				—	—	—
	仪器仪表费（元）				—	—	—
名称		代号	单位	单价（元）	数量		
人工	普工	1001	工日	83.63	0.108	0.152	0.175
材料	其他材料费	2999	元	—	0.260	0.680	0.770

工作内容：定位、打孔、稳固管、固定、清理渣土、填补等。　　计量单位：个

定额编号					09003004	09003005	09003006	09003007
项目名称					厚度≤150mm 孔径（mm）			预制混凝土板（槽型、圆孔板）
					25	50	120	
预算基价					16.89	21.16	25.07	7.97
其中	人工费（元）				16.39	20.07	23.75	7.02
	材料费（元）				0.50	1.09	1.32	0.95
	机械费（元）				—	—	—	—
	仪器仪表费（元）				—	—	—	—
名称		代号	单位	单价（元）	数量			
人工	普工	1001	工日	83.63	0.196	0.240	0.284	0.084
材料	其他材料费	2999	元	—	0.500	1.090	1.320	0.950

四、砖、混凝土墙凿墙洞

工作内容：定位、打眼、凿洞、清理渣土等。　　计量单位：个

定额编号					09004001	09004002	09004003	09004004
项目名称					砖墙凿墙洞（长×宽×高）		混凝土墙凿墙洞（长×宽×高）	
					60×100×100	100×100×100	60×100×100	100×100×100
预算基价					2.77	4.03	8.82	10.81
其中	人工费（元）				2.51	3.35	8.36	10.04
	材料费（元）				0.26	0.68	0.46	0.77
	机械费（元）				—	—	—	—
	仪器仪表费（元）				—	—	—	—
	名称	代号	单位	单价（元）	数量			
人工	普工	1001	工日	83.63	0.030	0.040	0.100	0.120
材料	其他材料费	2999	元	—	0.260	0.680	0.460	0.770

第二节　设备安装

一、前端机柜

工作内容：开箱清理、组装机柜，机柜就位、固定，接机柜电源线，制作、安装地线，清理施工现场。　　计量单位：个

定额编号					09005001
项目名称					前端机柜（卫星接收机机柜）安装
					1.6 ~ 2.0m
预算基价					347.11
其中	人工费（元）				291.60
	材料费（元）				51.58
	机械费（元）				2.48
	仪器仪表费（元）				1.45
	名称	代号	单位	单价（元）	数量
人工	安装工	1002	工日	145.80	2.000
材料	铜端子 16	213122	个	12.000	2.040
	铜芯聚氯乙烯绝缘电线 BV-16	214013	m	11.640	2.040
	其他材料费	2999	元	—	3.350
机械	手动液压叉车	3065	台班	12.400	0.200
仪器仪表	接地电阻检测仪	4287	台班	14.510	0.100

二、电视墙安装

工作内容：开箱清理、机架组装、就位、固定，安装机架电源，安装机架电视信号分配系统、监视器，机架接地。

计量单位：个

定额编号					09006001	09006002	09006003
项目名称					电视机（台）	电视墙架	
						≤ 12 台	≤ 24 台
预算基价					68.72	962.90	1873.74
其中	人工费（元）				43.74	874.80	1749.60
	材料费（元）				24.98	84.27	120.31
	机械费（元）				—	3.10	3.10
	仪器仪表费（元）				—	0.73	0.73
名称		代号	单位	单价（元）	数量		
人工	安装工	1002	工日	145.80	0.300	6.000	12.000
材料	插座	213470	个	—	—	（12.000）	（24.000）
	铜端子 16	213122	个	12.000	—	2.040	2.040
	基础螺栓 M14 × 150	207175	套	2.000	—	6.120	12.240
	铜芯聚氯乙烯绝缘电线 BV–16	214013	m	11.640	—	2.040	2.040
	铜芯聚氯乙烯绝缘电线 BV–6.0	214011	m	4.340	2.040	—	—
	铜端子 6	213120	个	4.550	2.040	—	—
	其他材料费	2999	元	—	6.840	23.800	47.600
机械	手动液压叉车	3065	台班	12.400	—	0.250	0.250
仪器仪表	接地电阻检测仪	4287	台班	14.510	—	0.050	0.050

三、前端射频设备安装

（一）前端射频设备安装

工作内容：搬运、开箱清点，通电检查、就位、制作接头、对线标记、扎线，清理施工现场。

计量单位：套

定额编号					09007001	09007002	09007003	09007004	09007005
项目名称					邻频前端（个）		电视解调器		中频调制器
					12个频道	每增1个频道	固定频道	捷变频道	
预算基价					889.66	37.39	37.39	59.26	59.26
其中	人工费（元）				583.20	21.87	21.87	43.74	43.74
	材料费（元）				3.75	0.38	0.38	0.38	0.38
	机械费（元）				—	—	—	—	—
	仪器仪表费（元）				302.71	15.14	15.14	15.14	15.14
名称		代号	单位	单价（元）	数量				
人工	安装工	1002	工日	145.80	4.000	0.150	0.150	0.300	0.300
材料	其他材料费	2999	元	—	3.750	0.380	0.380	0.380	0.380
仪器仪表	场强仪	4074	台班	302.710	1.000	0.050	0.050	0.050	0.050

工作内容：搬运、开箱清点，通电检查、就位、对线标记、扎线，清理施工现场。

计量单位：套

定额编号					09007006	09007007	09007008	09007009
项目名称					捷变频调制器		卫星接收调制一体机	前端混合器
					有中频输出	无中频输出		≤16路
预算基价					59.21	37.34	37.34	38.87
其中	人工费（元）				58.32	36.45	36.45	36.45
	材料费（元）				0.89	0.89	0.89	2.42
	机械费（元）				—	—	—	—
	仪器仪表费（元）				—	—	—	—
名称		代号	单位	单价（元）	数量			
人工	安装工	1002	工日	145.80	0.400	0.250	0.250	0.250
材料	其他材料费	2999	元	—	0.890	0.890	0.890	2.420

（二）前端射频设备调试

工作内容：调试各频道输入 RF 电平幅度，调试各频道的输出幅度及射频参数，填写调试报告。

计量单位：套

定额编号					09008001	09008002	09008003	09008004	09008005
项目名称					邻频前端（个）		电视解调器		中频调制器
					12 个频道	每增 1 个频道	固定频道	捷变频道	
预算基价					1509.32	63.98	63.98	105.96	105.96
其中	人工费（元）				1049.50	52.48	52.48	94.46	94.46
	材料费（元）				—	—	—	—	—
	机械费（元）				—	—	—	—	—
	仪器仪表费（元）				459.82	11.50	11.50	11.50	11.50
名称		代号	单位	单价（元）	数量				
人工	调试工	1003	工日	209.90	5.000	0.250	0.250	0.450	0.450
仪器仪表	频谱分析仪	4127	台班	229.910	2.000	0.050	0.050	0.050	0.050

工作内容：调试各频道输入 RF 电平幅度，调试各频道的输出幅度及射频参数，填写调试报告。

计量单位：套

定额编号					09008006	09008007	09008008	09008009
项目名称					捷变频调制器		卫星接收调制一体机	前端混合器
					有中频输出	无中频输出		≤ 16 路
预算基价					223.40	170.93	170.93	139.44
其中	人工费（元）				188.91	136.44	136.44	104.95
	材料费（元）				—	—	—	—
	机械费（元）				—	—	—	—
	仪器仪表费（元）				34.49	34.49	34.49	34.49
名称		代号	单位	单价（元）	数量			
人工	调试工	1003	工日	209.90	0.900	0.650	0.650	0.500
仪器仪表	频谱分析仪	4127	台班	229.910	0.150	0.150	0.150	0.150

（三）前端广播设备安装、调试

工作内容：搬运、开箱清点、通电检查、就位，调测记录，填写调测报告，扎线，清理施工现场。

计量单位：套

<table>
<tr><td colspan="5">定额编号</td><td>09009001</td><td>09009002</td><td>09009003</td><td>09009004</td></tr>
<tr><td colspan="5" rowspan="2">项目名称</td><td colspan="2">FM 调制器</td><td rowspan="2">调频解调器</td><td rowspan="2">DAB 调制器</td></tr>
<tr><td>单频点</td><td>捷变器</td></tr>
<tr><td colspan="5">预算基价</td><td>233.17</td><td>649.91</td><td>442.99</td><td>443.07</td></tr>
<tr><td rowspan="4">其中</td><td colspan="4">人工费（元）</td><td>209.90</td><td>419.80</td><td>419.80</td><td>419.80</td></tr>
<tr><td colspan="4">材料费（元）</td><td>0.28</td><td>0.20</td><td>0.20</td><td>0.28</td></tr>
<tr><td colspan="4">机械费（元）</td><td>—</td><td>—</td><td>—</td><td>—</td></tr>
<tr><td colspan="4">仪器仪表费（元）</td><td>22.99</td><td>229.91</td><td>22.99</td><td>22.99</td></tr>
<tr><td colspan="2">名称</td><td>代号</td><td>单位</td><td>单价（元）</td><td colspan="4">数量</td></tr>
<tr><td>人工</td><td>调试工</td><td>1003</td><td>工日</td><td>209.90</td><td>1.000</td><td>2.000</td><td>2.000</td><td>2.000</td></tr>
<tr><td>材料</td><td>其他材料费</td><td>2999</td><td>元</td><td>—</td><td>0.280</td><td>0.200</td><td>0.200</td><td>0.280</td></tr>
<tr><td>仪器仪表</td><td>频谱分析仪</td><td>4127</td><td>台班</td><td>229.910</td><td>0.100</td><td>1.000</td><td>0.100</td><td>0.100</td></tr>
</table>

四、卫星地面站接收设备安装、调试

（一）卫星地面站接收设备室内单元（卫星接收机）安装、调试

工作内容：搬运、开箱、通电检查、清点设备、安装固定，接线、通电、调试、记录、标记、扎线，清理施工现场。

计量单位：台

<table>
<tr><td colspan="5">定额编号</td><td>09010001</td><td>09010002</td><td>09010003</td><td>09010004</td><td>09010005</td></tr>
<tr><td colspan="5">项目名称</td><td>解码器（解压器）</td><td>数字信号转换器</td><td>制式转换器</td><td>卫星信号放大器</td><td>功分器</td></tr>
<tr><td colspan="5">预算基价</td><td>168.87</td><td>116.73</td><td>116.73</td><td>213.72</td><td>78.04</td></tr>
<tr><td rowspan="4">其中</td><td colspan="4">人工费（元）</td><td>58.32</td><td>36.45</td><td>36.45</td><td>72.90</td><td>29.16</td></tr>
<tr><td colspan="4">材料费（元）</td><td>19.74</td><td>19.74</td><td>19.74</td><td>19.74</td><td>18.61</td></tr>
<tr><td colspan="4">机械费（元）</td><td>—</td><td>—</td><td>—</td><td>—</td><td>—</td></tr>
<tr><td colspan="4">仪器仪表费（元）</td><td>90.81</td><td>60.54</td><td>60.54</td><td>121.08</td><td>30.27</td></tr>
<tr><td colspan="2">名称</td><td>代号</td><td>单位</td><td>单价（元）</td><td colspan="5">数量</td></tr>
<tr><td>人工</td><td>安装工</td><td>1002</td><td>工日</td><td>145.80</td><td>0.400</td><td>0.250</td><td>0.250</td><td>0.500</td><td>0.200</td></tr>
<tr><td rowspan="3">材料</td><td>铜端子 6</td><td>213120</td><td>个</td><td>4.550</td><td>2.040</td><td>2.040</td><td>2.040</td><td>2.040</td><td>2.040</td></tr>
<tr><td>铜芯聚氯乙烯绝缘电线 BV–6.0</td><td>214011</td><td>m</td><td>4.340</td><td>2.040</td><td>2.040</td><td>2.040</td><td>2.040</td><td>2.040</td></tr>
<tr><td>其他材料费</td><td>2999</td><td>元</td><td>—</td><td>1.600</td><td>1.600</td><td>1.600</td><td>1.600</td><td>0.470</td></tr>
<tr><td>仪器仪表</td><td>场强仪</td><td>4074</td><td>台班</td><td>302.710</td><td>0.300</td><td>0.200</td><td>0.200</td><td>0.400</td><td>0.100</td></tr>
</table>

（二）卫星电视接收站天线安装、调试

工作内容：开箱检查、清理搬运、复查天线基础强度、预埋件位置、组吊装天线、调整俯仰角、安装天线主副反射面、馈源、避雷器，清理施工现场。

计量单位：副

定额编号					09011001	09011002	09011003
项目名称					直径≤3.2m 地面		
					直径≤1.8m	直径≤2.4m	直径≤3.2m
预算基价					1491.26	2443.94	2443.94
其中	人工费（元）				437.40	729.00	729.00
	材料费（元）				343.40	343.40	343.40
	机械费（元）				93.33	451.70	451.70
	仪器仪表费（元）				617.13	919.84	919.84
	名称	代号	单位	单价（元）	数量		
人工	安装工	1002	工日	145.80	3.000	5.000	5.000
材料	F型插头75-7以下	213403	个	—	（6.060）	（6.060）	（6.060）
	天线及配套件	218137	套	—	（1.000）	（1.000）	（1.000）
	射频电缆75-5	214005	m	2.510	35.530	35.530	35.530
	电焊条 综合	207290	kg	6.000	0.500	0.500	0.500
	镀锌扁钢	201023	kg	—	（31.800）	（31.800）	（31.800）
机械	叉式起重机3t	3026	台班	358.370	—	1.000	1.000
	交流弧焊机≤21kV·A	3099	台班	93.330	1.000	1.000	1.000
仪器仪表	场强仪	4074	台班	302.710	2.000	3.000	3.000
	其他仪器仪表费	4999	元	—	11.710	11.710	11.710

工作内容：开箱检查、清理搬运、复查天线基础强度、预埋件位置、组吊装天线、调整俯仰角、安装天线主副反射面、馈源、避雷器，清理施工现场。

计量单位：副

定额编号					09011004	09011005	09011006	09011007
项目名称					直径≤3.2m 楼层高度			拼装分瓣天线
					≤10m	≤30m	>30m，每增加20m	
预算基价					3692.78	4421.78	811.44	528.61
其中	人工费（元）				1895.40	2624.40	729.00	218.70
	材料费（元）				343.40	343.40	—	—
	机械费（元）				534.14	534.14	82.44	—
	仪器仪表费（元）				919.84	919.84	—	309.91
	名称	代号	单位	单价（元）	数量			
人工	安装工	1002	工日	145.80	13.000	18.000	5.000	1.500
材料	F型插头75-7以下	213403	个	—	（6.060）	（6.060）	—	—
	天线及配套件	218137	套	—	（1.000）	（1.000）	—	—
	射频电缆75-5	214005	m	2.510	35.530	35.530	—	—
	电焊条 综合	207290	kg	6.000	0.500	0.500	—	—
	镀锌扁钢	201023	kg	7.900	31.800	31.800	—	—
机械	叉式起重机3t	3026	台班	358.370	1.000	1.000	—	—
	卷扬机3t	3045	台班	82.440	1.000	1.000	1.000	—
	交流弧焊机≤21kV·A	3099	台班	93.330	1.000	1.000	—	—
仪器仪表	场强仪	4074	台班	302.710	3.000	3.000	—	1.000
	其他仪器仪表费	4999	元	—	11.710	11.710	—	7.200

工作内容：天线和天线架安装及吊装、天线安装就位、调整方位和俯仰角、调试输出电平、整理测试记录、检查、紧固天线各部件、补漆、吊装设备的安装拆除、清理施工现场。

计量单位：个

定额编号					09011008	09011009	09011010	09011011	09011012
项目名称					布放射频同轴电缆 ≤ 7/8″		布放射频同轴电缆 > 7/8″		电缆架
					布放 10m	每增加 1m	布放 10m	每增加 1m	
预算基价					156.22	12.13	170.80	13.59	73.50
其中	人工费（元）				102.06	7.29	116.64	8.75	72.90
	材料费（元）				54.16	4.84	54.16	4.84	—
	机械费（元）				—	—	—	—	0.60
	仪器仪表费（元）				—	—	—	—	—
	名称	代号	单位	单价（元）	数量				
人工	安装工	1002	工日	145.80	0.700	0.050	0.800	0.060	0.500
材料	射频同轴电缆 ϕ16 以上	214228	m	—	—	—	（10.200）	（1.020）	—
	射频同轴电缆 ϕ16 以下	214227	m	—	（10.200）	（1.020）	—	—	—
	棉纱头	218101	kg	5.830	0.200	0.020	0.200	0.020	—
	单根馈线固定卡子	215006	套	5.830	9.090	0.810	9.090	0.810	—
机械	其他机具费	3999	元	—	—	—	—	—	0.600

（三）室外单元（下变频器）安装、调试

工作内容：开箱检验、布线连接、设备安装、设备标志、测试等。

计量单位：台

定额编号					09012001
项目名称					安装、调试下变频器
预算基价					239.44
其中	人工费（元）				147.26
	材料费（元）				0.22
	机械费（元）				—
	仪器仪表费（元）				91.96
	名称	代号	单位	单价（元）	数量
人工	安装工	1002	工日	145.80	1.010
材料	视频同轴电缆 ϕ9 以下	214226	m	—	（10.000）
	其他材料费	2999	元	—	0.220
仪器仪表	频谱分析仪	4127	台班	229.910	0.400

第三节　光端设备安装、调试

工作内容：搬运、开箱检查，安装固定、熔接光缆光纤、接线。光跳线余长保护处理，调整垂直水平，安装标识牌，调测记录，填写调测报告。

计量单位：台

定额编号					09013001	09013002	09013003	09013004
项目名称					模拟光发射机			
					不带网管功能		带网管功能	
					直接调制	外调制	直接调制	外调制
预算基价					1534.87	2045.89	1628.52	2139.54
其中	人工费（元）				437.40	583.20	510.30	656.10
	材料费（元）				0.31	0.31	0.31	0.31
	机械费（元）				—	—	—	—
	仪器仪表费（元）				1097.16	1462.38	1117.91	1483.13
	名称	代号	单位	单价（元）	数量			
人工	安装工	1002	工日	145.80	3.000	4.000	3.500	4.500
材料	其他材料费	2999	元	—	0.310	0.310	0.310	0.310
仪器仪表	实时声级计	4332	台班	40.000	3.000	4.000	3.500	4.500
	对讲机	4164	台班	1.500	2.500	3.000	3.000	3.500
	场强仪	4074	台班	302.710	1.500	2.000	1.500	2.000
	光功率计	4059	台班	73.670	1.500	2.000	1.500	2.000
	光时域反射仪	4093	台班	272.560	1.500	2.000	1.500	2.000

工作内容：搬运、开箱检查，安装固定、熔接光缆光纤、接线。光跳线余长保护处理，调整垂直水平，安装标识牌，调测记录，填写调测报告。

计量单位：台

定额编号					09013005	09013006	09013007	09013008	09013009
项目名称					FM光发射机	数字光发射机	反向光接收机		终端盒
							不带网管	带网管	12芯（套）
预算基价					1524.05	2172.99	338.75	583.58	561.55
其中	人工费（元）				874.80	874.80	145.80	291.60	559.87
	材料费（元）				—	—	—	—	—
	机械费（元）				0.31	0.31	0.31	0.31	1.68
	仪器仪表费（元）				648.94	1297.88	192.64	291.67	—
	名称	代号	单位	单价（元）	数量				
人工	安装工	1002	工日	145.80	6.000	6.000	1.000	2.000	3.840
机械	其他机具费	3999	元	—	0.310	0.310	0.310	0.310	1.680
仪器仪表	实时声级计	4332	台班	40.000	—	—	1.000	2.000	—
	对讲机	4164	台班	1.500	—	—	0.500	1.500	—
	场强仪	4074	台班	302.710	1.000	2.000	0.200	0.300	—
	光功率计	4059	台班	73.670	1.000	2.000	0.500	0.500	—
	光时域反射仪	4093	台班	272.560	1.000	2.000	0.200	0.300	—

工作内容：开箱检验、清洁搬运、划线、定位、机架组装、安装加固等。

定额编号					09013010	09013011	09013012	09013013
项目名称					安装光分路器（套）	安装光纤配线架 / 柜（架）		安装光配线箱（台）
						≤ 2.2m	≤ 2.6m	≤ 12 芯
预算基价					298.00	140.96	168.66	85.55
其中	人工费（元）				145.80	139.97	167.67	84.56
	材料费（元）				0.31	0.99	0.99	0.99
	机械费（元）				—	—	—	—
	仪器仪表费（元）				151.89	—	—	—
名称		代号	单位	单价（元）	数量			
人工	安装工	1002	工日	145.80	1.000	0.960	1.150	0.580
材料	其他材料费	2999	元	—	0.310	0.990	0.990	0.990
仪器仪表	光时域反射仪	4093	台班	272.560	0.200	—	—	—
	光功率计	4059	台班	73.670	0.500	—	—	—
	场强仪	4074	台班	302.710	0.200	—	—	—

工作内容：开箱检验、清洁搬运、划线、定位、机架组装、安装加固等。 计量单位：台

定额编号					09013014	09013015	09013016
项目名称					播控台		
					≤ 1.2M	≤ 1.6M	≤ 2M
预算基价					321.63	380.09	496.95
其中	人工费（元）				291.60	349.92	466.56
	材料费（元）				26.20	26.34	26.56
	机械费（元）				3.10	3.10	3.10
	仪器仪表费（元）				0.73	0.73	0.73
名称		代号	单位	单价（元）	数量		
人工	安装工	1002	工日	145.80	2.000	2.400	3.200
材料	铜端子 6	213120	个	4.550	2.040	2.040	2.040
	铜芯聚氯乙烯绝缘电线 BV-6.0	214011	m	4.340	2.040	2.040	2.040
	其他材料费	2999	元	—	8.060	8.200	8.420
机械	手动液压叉车	3065	台班	12.400	0.250	0.250	0.250
仪器仪表	接地电阻检测仪	4287	台班	14.510	0.050	0.050	0.050

第四节　有线电视系统管理设备安装、调试

工作内容：搬运、开箱清点、检验、划线、定位、安装设备、固定、接线、做标志、调试。

计量单位：台

定额编号					09014001	09014002	09014003	09014004	09014005
项目名称					寻址控制器	视频加密器	数据调制器	数据分支器	数据控制器
预算基价					310.76	292.76	310.76	161.00	292.76
其中	人工费（元）				291.60	291.60	291.60	145.80	291.60
	材料费（元）				0.08	0.08	0.08	0.08	0.08
	机械费（元）				—	—	—	—	—
	仪器仪表费（元）				19.08	1.08	19.08	15.12	1.08
名称		代号	单位	单价（元）	数量				
人工	安装工	1002	工日	145.80	2.000	2.000	2.000	1.000	2.000
材料	其他材料费	2999	元	—	0.080	0.080	0.080	0.080	0.080
仪器仪表	数字多用表	4045	台班	3.600	0.300	0.300	0.300	0.200	0.300
	便携式计算机	4311	台班	18.000	1.000	—	1.000	0.800	—

工作内容：搬运、开箱清点、检验、划线、定位、安装设备、固定、接线、做标志、调试。

计量单位：台

定额编号					09014006	09014007	09014008	09014009
项目名称					数据解调器	网络收费管理控制器	收费管理系统测试	网络管理系统测试
预算基价					292.76	292.76	1142.68	1215.58
其中	人工费（元）				291.60	291.60	1109.54	1182.44
	材料费（元）				0.08	0.08	—	—
	机械费（元）				—	—	—	—
	仪器仪表费（元）				1.08	1.08	33.14	33.14
名称		代号	单位	单价（元）	数量			
人工	安装工	1002	工日	145.80	2.000	2.000	7.610	8.110
材料	其他材料费	2999	元	—	0.080	0.080	—	—
仪器仪表	便携式计算机	4311	台班	18.000	—	—	1.000	1.000
	场强仪	4074	台班	302.710	—	—	0.050	0.050
	数字多用表	4045	台班	3.600	0.300	0.300	—	—

工作内容：搬运、开箱清点、检验、划线、定位、安装设备、固定、接线、做标志、调试。

计量单位：台

定额编号					09014010	09014011	09014012
项目名称					网管头端控制器	网管通信控制器	网管应答器
预算基价					309.68	309.68	309.68
其中	人工费（元）				291.60	291.60	291.60
	材料费（元）				0.08	0.08	0.08
	机械费（元）				—	—	—
	仪器仪表费（元）				18.00	18.00	18.00
名称		代号	单位	单价（元）	数量		
人工	安装工	1002	工日	145.80	2.000	2.000	2.000
材料	其他材料费	2999	元	—	0.080	0.080	0.080
仪器仪表	便携式计算机	4311	台班	18.000	1.000	1.000	1.000

第五节　干线网络设备安装、调试

一、箱体安装

工作内容：现场核对位置，清理，制、支、拆、修木模，预埋螺栓及塑料管，拌和、浇灌混凝土等。

计量单位：个

定额编号					09015001	09015002	09015003
项目名称					C15 混凝土基础（长 × 宽 × 高）		
					900 × 500 × 700	1000 × 600 × 900	1500 × 900 × 1000
预算基价					630.01	892.60	1684.44
其中	人工费（元）				446.15	621.11	1166.40
	材料费（元）				183.86	271.49	518.04
	机械费（元）				—	—	—
	仪器仪表费（元）				—	—	—
名称		代号	单位	单价（元）	数量		
人工	安装工	1002	工日	145.80	3.060	4.260	8.000
材料	PVC 阻燃塑料管 ϕ20	210121	m	—	（6.060）	（6.060）	（6.060）
	精制六角带帽螺栓 M16 × 61~80	207642	套	1.000	4.040	4.040	4.040
	塑料管弯头	212294	个	3.130	2.020	2.020	2.020
	板方材	203001	m^3	1944.000	0.040	0.050	0.050
	水泥 综合	202001	kg	0.506	89.890	153.520	385.820
	碎石、块石	204027	m^3	75.000	0.450	0.770	1.920

工作内容：搬运到位、焊接器件、安装固定。　　　　计量单位：个

定额编号					09015004	09015005	09015006	09015007
项目名称					光缆户外交接箱		光站箱	
					架空	地面	架空	地面
预算基价					426.70	254.83	426.70	254.83
其中	人工费（元）				291.60	145.80	291.60	145.80
	材料费（元）				50.09	30.02	50.09	30.02
	机械费（元）				9.33	3.33	9.33	3.33
	仪器仪表费（元）				75.68	75.68	75.68	75.68
名称		代号	单位	单价（元）	数量			
人工	安装工	1002	工日	145.80	2.000	1.000	2.000	1.000
材料	视频同轴电缆 ϕ9 以下	214226	m	—	（4.320）	（4.320）	（4.320）	（4.320）
	光缆接头盒含接续器材	213486	套	4.000	6.060	6.060	6.060	6.060
	膨胀螺栓 ϕ10	207160	套	1.430	—	4.040	—	4.040
	卡盘抱箍	218138	副	12.500	2.020	—	2.020	—
	电焊条 综合	207290	kg	6.000	0.100	—	0.100	—
机械	电锤 520W	3095	台班	33.340	—	0.100	—	0.100
	交流弧焊机 ≤ 21kV•A	3099	台班	93.330	0.100	—	0.100	—
仪器仪表	场强仪	4074	台班	302.710	0.250	0.250	0.250	0.250

工作内容：搬运到位、焊接器件、安装固定。　　　　计量单位：个

定额编号					09015008	09015009	09015010	09015011
项目名称					放大器箱		分支分配器箱	
					架空	地面	架空	地面
预算基价					368.38	225.67	324.64	203.80
其中	人工费（元）				233.28	116.64	189.54	94.77
	材料费（元）				50.09	30.02	50.09	30.02
	机械费（元）				9.33	3.33	9.33	3.33
	仪器仪表费（元）				75.68	75.68	75.68	75.68
名称		代号	单位	单价（元）	数量			
人工	安装工	1002	工日	145.80	1.600	0.800	1.300	0.650
材料	视频同轴电缆 ϕ9 以下	214226	m	—	（4.320）	（4.320）	（4.320）	（4.320）
	光缆接头盒含接续器材	213486	套	4.000	6.060	6.060	6.060	6.060
	膨胀螺栓 ϕ10	207160	套	1.430	—	4.040	—	4.040
	卡盘抱箍	218138	副	12.500	2.020	—	2.020	—
	电焊条 综合	207290	kg	6.000	0.100	—	0.100	—
机械	电锤 520W	3095	台班	33.340	—	0.100	—	0.100
	交流弧焊机 ≤ 21kV•A	3099	台班	93.330	0.100	—	0.100	—
仪器仪表	场强仪	4074	台班	302.710	0.250	0.250	0.250	0.250

二、干线网络设备安装

工作内容：开箱检验、清理搬运、安装紧固、组装内件、固定尾纤（尾缆）、接地、标记等。

计量单位：个

定额编号					09016001	09016002	09016003	09016004
项目名称					光接收机			光放大器
					室外		室内	
					地面	架空	—	
预算基价					333.43	479.23	304.27	281.96
其中	人工费（元）				145.80	291.60	116.64	116.64
	材料费（元）				48.82	48.82	48.82	48.82
	机械费（元）				—	—	—	—
	仪器仪表费（元）				138.81	138.81	138.81	116.50
名称		代号	单位	单价（元）	数量			
人工	安装工	1002	工日	145.80	1.000	2.000	0.800	0.800
材料	铜端子 16	213122	个	12.000	2.040	2.040	2.040	2.040
	铜芯聚氯乙烯绝缘电线 BV–16	214013	m	11.640	2.040	2.040	2.040	2.040
	其他材料费	2999	元	—	0.590	0.590	0.590	0.590
仪器仪表	光时域反射仪	4093	台班	272.560	0.500	0.500	0.500	0.200
	场强仪	4074	台班	302.710	—	—	—	0.200
	接地电阻检测仪	4287	台班	14.510	0.050	0.050	0.050	0.050
	数字多用表	4045	台班	3.600	0.500	0.500	0.500	0.200

三、干线网络设备调试

工作内容：测试输入光功率、调整衰耗、均衡、做测试记录。

计量单位：个

定额编号					09017001	09017002	09017003
项目名称					调试光接收机（单向）		
					地面	架空	室内
预算基价					431.70	473.68	431.70
其中	人工费（元）				209.90	251.88	209.90
	材料费（元）				—	—	—
	机械费（元）				—	—	—
	仪器仪表费（元）				221.80	221.80	221.80
名称		代号	单位	单价（元）	数量		
人工	调试工	1003	工日	209.90	1.000	1.200	1.000
仪器仪表	场强仪	4074	台班	302.710	0.500	0.500	0.500
	对讲机	4164	台班	1.500	0.800	0.800	0.800
	光功率计	4059	台班	73.670	0.200	0.200	0.200
	光时域反射仪	4093	台班	272.560	0.200	0.200	0.200

工作内容：测试输入光功率、调整衰耗、均衡、做测试记录。　　计量单位：个

定额编号					09017004	09017005	09017006
项目名称					调试光接收机（双向）		
					地面	架空	室内
预算基价					1995.92	642.80	537.25
其中	人工费（元）				314.85	419.80	314.85
	材料费（元）				—	—	—
	机械费（元）				—	—	—
	仪器仪表费（元）				1681.07	223.00	222.40
名称		代号	单位	单价（元）	数量		
人工	调试工	1003	工日	209.90	1.500	2.000	1.500
仪器仪表	场强仪	4074	台班	302.710	0.500	0.500	0.500
	对讲机	4164	台班	1.500	1.200	1.600	1.200
	光功率计	4059	台班	73.670	20.000	0.200	0.200
	光时域反射仪	4093	台班	272.560	0.200	0.200	0.200

工作内容：测试输入光功率、调整衰耗、均衡、作测试记录。　　计量单位：个

定额编号					09017007
项目名称					调试光放大器
					室　内
预算基价					362.99
其中	人工费（元）				209.90
	材料费（元）				—
	机械费（元）				—
	仪器仪表费（元）				153.09
名称		代号	单位	单价（元）	数量
人工	调试工	1003	工日	209.90	1.000
仪器仪表	场强仪	4074	台班	302.710	0.200
	光功率计	4059	台班	73.670	0.500
	光时域反射仪	4093	台班	272.560	0.200
	对讲机	4164	台班	1.500	0.800

第六节　分配网络设备安装、调试

一、线路设备安装

工作内容：开箱检验、清洁搬运、安装紧固、取电、做插头、接地、标记等。　　计量单位：个

定额编号					09018001	09018002	09018003
项目名称					线路放大器		
					室外		室内
					地面	架空	
预算基价					322.74	570.42	249.84
其中	人工费（元）				218.70	466.56	145.80
	材料费（元）				19.44	19.26	19.44
	机械费（元）				—	—	—
	仪器仪表费（元）				84.60	84.60	84.60
	名称	代号	单位	单价（元）	数量		
人工	安装工	1002	工日	145.80	1.500	3.200	1.000
材料	铜端子 6	213120	个	4.550	2.040	2.040	2.040
	铜芯聚氯乙烯绝缘电线 BV-6.0	214011	m	4.340	2.040	2.040	2.040
	其他材料费	2999	元	—	1.300	1.120	1.300
仪器仪表	场强仪	4073	台班	139.790	0.600	0.600	0.600
	接地电阻检测仪	4287	台班	14.510	0.050	0.050	0.050

工作内容：开箱检验、清洁搬运、安装紧固、取电、做插头、接地、标记等。　　计量单位：个

定额编号					09018004	09018005	09018006
项目名称					供电器		
					室外		室内
					地面	电杆上	
预算基价					270.73	416.53	240.68
其中	人工费（元）				145.80	291.60	116.64
	材料费（元）				123.12	123.12	122.23
	机械费（元）				—	—	—
	仪器仪表费（元）				1.81	1.81	1.81
	名称	代号	单位	单价（元）	数量		
人工	安装工	1002	工日	145.80	1.000	2.000	0.800
材料	铜端子 16	213122	个	12.000	2.040	2.040	2.040
	铜芯聚氯乙烯绝缘电线 BV-16	214013	m	11.640	2.040	2.040	2.040
	配线板 带开关、保险	213474	块	74.000	1.000	1.000	1.000
	其他材料费	2999	元	—	0.890	0.890	—
仪器仪表	数字多用表	4045	台班	3.600	0.300	0.300	0.300
	接地电阻检测仪	4287	台班	14.510	0.050	0.050	0.050

工作内容：1. 安装供电器：开箱检验、清洁搬运、安装紧固、取电、做插头、接地、标记等。
2. 安装无源器件：检验器件、安装固定等。

计量单位：个

定 额 编 号					09018007	09018008	09018009
项 目 名 称					无 源 器 件		
					室 外		室内
					地面	架空	
预 算 基 价					58.72	72.98	43.82
其中	人工费（元）				58.32	72.90	43.74
	材料费（元）				0.40	0.08	0.08
	机械费（元）				—	—	—
	仪器仪表费（元）				—	—	—
	名 称	代号	单位	单价（元）	数 量		
人工	安装工	1002	工日	145.80	0.400	0.500	0.300
材料	其他材料费	2999	元	—	0.400	0.080	0.080

二、线路设备调试

工作内容：测试输入电平、调整衰耗、均衡、做测试记录。

计量单位：个

定 额 编 号					09019001	09019002	09019003	09019004
项 目 名 称					调试放大器			
					单 向		双 向	
					地面	架空	地面	架空
预 算 基 价					289.18	403.42	391.71	528.55
其中	人工费（元）				167.92	251.88	209.90	314.85
	材料费（元）				—	—	—	—
	机械费（元）				—	—	—	—
	仪器仪表费（元）				121.26	151.54	181.81	213.70
	名 称	代号	单位	单价（元）	数 量			
人工	调试工	1003	工日	209.90	0.800	1.200	1.000	1.500
仪器仪表	数字多用表	4045	台班	3.600	0.050	0.050	0.050	0.500
	场强仪	4074	台班	302.710	0.400	0.500	0.600	0.700

工作内容：测试输出电压、电流，测试放大器供电电压、做测试记录等。　　计量单位：个

定额编号					09019005	09019006	09019007	09019008
项目名称					调试供电器			
					≤ 10 台放大器供电		> 10 台放大器供电	
					地面	电杆上	地面	电杆上
预算基价					170.08	340.16	212.78	425.56
其中	人工费（元）				167.92	335.84	209.90	419.80
	材料费（元）				—	—	—	—
	机械费（元）				—	—	—	—
	仪器仪表费（元）				2.16	4.32	2.88	5.76
名称		代号	单位	单价（元）	数量			
人工	调试工	1003	工日	209.90	0.800	1.600	1.000	2.000
仪器仪表	数字多用表	4045	台班	3.600	0.600	1.200	0.800	1.600

三、终端设备安装、调试

工作内容：开箱检验、装放大器、引入工作电源、布线、清管、穿线等。　　计量单位：个

定额编号					09020001	09020002	09020003	09020004
项目名称					安装楼栋放大器		工作电源线（100m）	
					明装	暗装	明装	暗装
预算基价					164.91	104.28	1887.65	1702.57
其中	人工费（元）				58.32	43.74	1261.17	1071.63
	材料费（元）				5.78	—	593.14	630.94
	机械费（元）				10.00	—	33.34	—
	仪器仪表费（元）				90.81	60.54	—	—
名称		代号	单位	单价（元）	数量			
人工	安装工	1002	工日	145.80	0.400	0.300	8.650	7.350
材料	PVC 线槽 25	210130	m	—	—	—	（105.000）	—
	PVC 阻燃塑料管 ϕ20	210121	m	—	—	—	—	（105.000）
	塑料管卡子 25	212501	个	1.800	—	—	—	21.000
	膨胀螺栓 ϕ10	207160	套	1.430	4.040	—	—	—
	配线板带开关、保险	213474	块	74.000	—	—	1.010	1.010
	BVV 铜芯聚氯乙烯绝缘聚氯乙烯护套电线 2×1.5	214165	m	4.800	—	—	108.000	108.000
机械	电锤 520W	3095	台班	33.340	0.300	—	—	—
	其他机具费	3999	元	—	—	—	33.340	—
仪器仪表	场强仪	4074	台班	302.710	0.300	0.200	—	—

工作内容：检查器件、清理端口、清理暗盒、整理布线、调试等。　　计量单位：个

定额编号					09020005	09020006	09020007
项目名称					用户分支器、分配器		均衡器、衰减器
					≤ 8	> 8	
预算基价					25.12	33.11	5.50
其中	人工费（元）				17.50	21.87	4.37
	材料费（元）				0.63	0.76	0.22
	机械费（元）				—	—	—
	仪器仪表费（元）				6.99	10.48	0.91
名称		代号	单位	单价（元）	数量		
人工	安装工	1002	工日	145.80	0.120	0.150	0.030
材料	其他材料费	2999	元	—	0.630	0.760	0.220
仪器仪表	场强仪	4074	台班	302.710	—	—	0.003
	场强仪	4073	台班	139.790	0.050	0.075	—

工作内容：检查电缆、固定电缆保护管、布线固定、穿线、检查器件、装可寻址终端控制器、引入工作电源、整理布线、调试等。　　计量单位：个

定额编号					09020008	09020009	09020010	09020011	09020012
项目名称					可寻址终端控制器安装、调试（有源传输）				无源传输
					≤ 10 路	≤ 16 路	≤ 20 路	> 20 路	
预算基价					550.34	640.65	730.76	746.36	388.15
其中	人工费（元）				291.60	320.76	349.92	364.50	145.80
	材料费（元）				75.43	76.04	76.45	77.47	—
	机械费（元）				—	—	—	—	—
	仪器仪表费（元）				183.31	243.85	304.39	304.39	242.35
名称		代号	单位	单价（元）	数量				
人工	安装工	1002	工日	145.80	2.000	2.200	2.400	2.500	1.000
材料	配线板 带开关、保险	213474	块	74.000	1.000	1.000	1.000	1.000	—
	其他材料费	2999	元	—	1.430	2.040	2.450	3.470	—
仪器仪表	数字多用表	4045	台班	3.600	0.050	0.050	0.050	0.050	0.050
	对讲机	4164	台班	1.500	1.000	1.000	1.000	1.000	—
	场强仪	4074	台班	302.710	0.600	0.800	1.000	1.000	0.800

工作内容：检查器件、清理端口、整理布线、调试等。　　计量单位：个

定额编号					09020013	09020014	09020015	09020016
项目名称					交互式分配设备安装、调试			
					频段分路器	噪声抑制器	窗口滤波器	窗口陷波器
预算基价					22.05	14.76	14.76	14.76
其中	人工费（元）				21.87	14.58	14.58	14.58
	材料费（元）				—	—	—	—
	机械费（元）				—	—	—	—
	仪器仪表费（元）				0.18	0.18	0.18	0.18
	名称	代号	单位	单价（元）	数量			
人工	安装工	1002	工日	145.80	0.150	0.100	0.100	0.100
仪器仪表	数字多用表	4045	台班	3.600	0.050	0.050	0.050	0.050

工作内容：检查器件、安装固定、布线连接、清理暗盒、连线调试。　　计量单位：个

定额编号					09020017	09020018	09020019	09020020
项目名称					用户终端盒		用户终端机	
					明装	暗装	变换器	FM 音箱
预算基价					8.27	7.49	23.33	23.33
其中	人工费（元）				7.29	7.29	23.33	23.33
	材料费（元）				0.98	0.20	—	—
	机械费（元）				—	—	—	—
	仪器仪表费（元）				—	—	—	—
	名称	代号	单位	单价（元）	数量			
人工	安装工	1002	工日	145.80	0.050	0.050	0.160	0.160
材料	用户终端盒	216068	个	—	（1.010）	（1.010）	—	—
	其他材料费	2999	元	—	0.980	0.200	—	—

工作内容：在楼栋上调试放大、测试、记录、整理，测试用户终端FM音箱，记录、整理、预置用户电视频道等。

计量单位：个

定额编号					09020024	09020025	09020026
项目名称					调试用户终端（户）	调试楼栋放大器	
						单向	双向
预算基价					17.48	233.23	330.98
其中	人工费（元）				8.40	104.95	209.90
	材料费（元）				—	—	—
	机械费（元）				—	—	—
	仪器仪表费（元）				9.08	128.28	121.08
	名称	代号	单位	单价（元）	数量		
人工	调试工	1003	工日	209.90	0.040	0.500	1.000
仪器仪表	便携式计算机	4311	台班	18.000	—	0.400	—
	场强仪	4074	台班	302.710	0.030	0.400	0.400

第七节　数字电视设备安装、调试

工作内容：开箱检验、布线连接、安装设备、设备标志、软件设置测试。

计量单位：台

定额编号					09021001	09021002	09021003
项目名称					编码器	QAM调制器	复用器
预算基价					283.23	833.88	492.63
其中	人工费（元）				209.90	419.80	419.80
	材料费（元）				52.60	53.35	52.10
	机械费（元）				—	—	—
	仪器仪表费（元）				20.73	360.73	20.73
	名称	代号	单位	单价（元）	数量		
人工	调试工	1003	工日	209.90	1.000	2.000	2.000
材料	铜端子16	213122	个	12.000	2.040	2.040	2.040
	铜芯聚氯乙烯绝缘电线BV-16	214013	m	11.640	2.040	2.040	2.040
	其他材料费	2999	元	—	4.370	5.120	3.870
仪器仪表	频谱分析仪	4123	台班	720.000	—	0.500	—
	实时声级计	4332	台班	40.000	0.500	—	0.500
	接地电阻检测仪	4287	台班	14.510	0.050	0.050	0.050

工作内容：开箱检验、做接头、布线连接、安装设备、设备标志、软件设置测试。　　计量单位：台

定额编号					09021004	09021005	09021006
项目名称					节目管理控制器	CA 加密机	加扰器
预算基价					832.18	482.04	481.53
其中	人工费（元）				419.80	419.80	419.80
	材料费（元）				51.65	52.51	52.00
	机械费（元）				—	—	—
	仪器仪表费（元）				360.73	9.73	9.73
名称		代号	单位	单价（元）	数量		
人工	调试工	1003	工日	209.90	2.000	2.000	2.000
材料	铜端子 16	213122	个	12.000	2.040	2.040	2.040
	铜芯聚氯乙烯绝缘电线 BV-16	214013	m	11.640	2.040	2.040	2.040
	其他材料费	2999	元	—	3.420	4.280	3.770
仪器仪表	便携式计算机	4311	台班	18.000	—	0.500	0.500
	频谱分析仪	4123	台班	720.000	0.500	—	—
	接地电阻检测仪	4287	台班	14.510	0.050	0.050	0.050

第三章
专业通信工程

说明及工程量计算规则

说　明

1. 本章主要内容包括：通信铁塔、天线和馈线系统；数字对流层散射通信设备；微波无线接入通信设备；微波一点多址通信系统设备；大气激光通信设备等的安装、调试工程。

2. 本章定额适用于专用生产、指挥、调度的小型局域网通信工程。

3. 本章通信铁塔的安装工程定额是在正常的气象条件下施工取定的，本定额不包括铁塔基础施工、预埋件的埋设及防雷接地施工。

4. 安装通信天线：

（1）楼顶增高架上安装天线按楼顶铁塔上安装天线处理。

（2）铁塔上安装天线，不论有、无操作平台均执行本定额。

（3）安装天线的高度均指天线底部距塔（杆）座的高度。

（4）天线在楼顶铁塔上吊装，是按照楼顶距地面20m以下考虑的，楼顶距地面高度超过20m的吊装工程，按照《电子建设工程概（预）算编制办法及计价依据》中有关高层施工增加费用计取。

5. 动力电源线缆安装按第五册《洁净厂房、数据中心及电子环境工程》中有关定额子目计算。

工程量计算规则

1. 通信铁塔架设，以“t”计算。
2. 天线架设，以“副”（天线加边加罩以“面”）计算。
3. 馈线安装，以“条”计算。
4. 天线、馈线调试，以“副”计算。
5. 数字对流层散射通信设备安装，以“套”计算。
6. 数字对流层散射通信设备调试，以“系统”计算。
7. 微波无线接入通信基站设备、用户站设备安装、调试，以“台（个）”计算。
8. 微波无线接入通信系统联调，以“站”计算。
9. 微波无线接入通信系统试运行，以“系统”计算。
10. 微波一点多址通信系统设备安装、调试、系统联测，以“站”计算。
11. 大气激光通信设备安装、调试，以“套”计算。

第一节　通信铁塔、天线和馈线系统的安装、调试

一、通信铁塔架设

工作内容：现场准备、起吊、组装、调整、防腐处理等。　　　　计量单位：t

定额编号					10001001	10001002	10001003	10001004
项目名称					地面通信铁塔			
					≤ 25m	≤ 45m	≤ 65m	≤ 80m
预算基价					4763.06	5596.45	6431.43	7558.00
其中	人工费（元）				2332.80	2624.40	2916.00	3499.20
	材料费（元）				19.87	23.01	27.73	32.45
	机械费（元）				2410.39	2949.04	3487.70	4026.35
	仪器仪表费（元）				—	—	—	—
名称		代号	单位	单价（元）	数量			
人工	安装工	1002	工日	145.80	16.000	18.000	20.000	24.000
材料	其他材料费	2999	元	—	19.870	23.010	27.730	32.450
机械	发电机组 ≤ 30kW（柴油）	3113	台班	494.310	2.000	2.500	3.000	3.500
	载货汽车 6t	3031	台班	511.530	2.500	3.000	3.500	4.000
	电动卷扬机 5t	3047	台班	71.470	2.000	2.500	3.000	3.500

工作内容：现场准备、起吊、组装、调整、防腐处理等。　　　　计量单位：t

定额编号					10001005	10001006
项目名称					地面通信铁塔	
					≤ 90m	≤ 100m
预算基价					8977.33	11852.84
其中	人工费（元）				4374.00	6706.80
	材料费（元）				38.32	42.38
	机械费（元）				4565.01	5103.66
	仪器仪表费（元）				—	—
名称		代号	单位	单价（元）	数量	
人工	安装工	1002	工日	145.80	30.000	46.000
材料	其他材料费	2999	元	—	38.320	42.380
机械	发电机组 ≤ 30kW（柴油）	3113	台班	494.310	4.000	4.500
	载货汽车 6t	3031	台班	511.530	4.500	5.000
	电动卷扬机 5t	3047	台班	71.470	4.000	4.500

二、天线架设

工作内容：天线和天线架的安装及吊装，天线安装就位、调整方位和俯仰角、补漆，吊装设备的安装、拆除。

计量单位：副

定额编号					10002001	10002002	10002003
项目名称					≤ ϕ2.0m 抛物面天线在楼顶铁塔上吊装（楼顶距地面≤ 20m）		
					≤ 4m 铁架上	天线挂高（m）	
						≤ 10	≤ 30
预算基价					1699.02	2512.15	4416.66
其中	人工费（元）				1020.60	1749.60	3061.80
	材料费（元）				11.88	13.86	21.78
	机械费（元）				666.54	748.69	1333.08
	仪器仪表费（元）				—	—	—
	名称	代号	单位	单价（元）	数量		
人工	安装工	1002	工日	145.80	7.000	12.000	21.000
材料	其他材料费	2999	元	—	11.880	13.860	21.780
机械	发电机组 ≤ 30kW（柴油）	3113	台班	494.310	0.500	0.600	1.000
	载货汽车 6t	3031	台班	511.530	0.750	0.800	1.500
	电动卷扬机 5t	3047	台班	71.470	0.500	0.600	1.000

工作内容：天线和天线架的安装及吊装，天线安装就位、调整方位和俯仰角、补漆，吊装设备的安装、拆除。

计量单位：副

定额编号					10002004	10002005	10002006
项目名称					≤ ϕ2.0m 抛物面天线地面铁塔上吊装天线挂高（m）		
					≤ 30	≤ 50	≤ 70
预算基价					3977.28	6298.17	8384.05
其中	人工费（元）				2624.40	4519.80	6123.60
	材料费（元）				19.80	19.80	19.80
	机械费（元）				1333.08	1758.57	2240.65
	仪器仪表费（元）				—	—	—
	名称	代号	单位	单价（元）	数量		
人工	安装工	1002	工日	145.80	18.000	31.000	42.000
材料	其他材料费	2999	元	—	19.800	19.800	19.800
机械	发电机组 ≤ 30kW（柴油）	3113	台班	494.310	1.000	1.300	1.700
	载货汽车 6t	3031	台班	511.530	1.500	2.000	2.500
	电动卷扬机 5t	3047	台班	71.470	1.000	1.300	1.700

工作内容：天线和天线架的安装及吊装，天线安装就位、调整方位和俯仰角、补漆，吊装设备的安装、拆除。

计量单位：副

定额编号				10002007	10002008	10002009
项目名称				≤ ϕ3.2m 抛物面天线在楼顶铁塔上吊装（楼顶距地面≤ 20m）		
				≤ 4m 铁架上	天线挂高（m）	
					≤ 10	≤ 30
预算基价				1689.81	3121.52	4972.89
其中	人工费（元）			1166.40	2041.20	3353.40
	材料费（元）			11.88	13.86	19.80
	机械费（元）			511.53	1066.46	1599.69
	仪器仪表费（元）			—	—	—
名称	代号	单位	单价（元）	数量		
人工：安装工	1002	工日	145.80	8.000	14.000	23.000
材料：其他材料费	2999	元	—	11.880	13.860	19.800
机械：发电机组 ≤ 30kW（柴油）	3113	台班	494.310	—	0.800	1.200
机械：电动卷扬机 5t	3047	台班	71.470	—	0.800	1.200
机械：载货汽车 6t	3031	台班	511.530	1.000	1.200	1.800

工作内容：天线和天线架的安装及吊装，天线安装就位、调整方位和俯仰角、补漆，吊装设备的安装、拆除。

计量单位：副

定额编号				10002010	10002011	10002012	10002013
项目名称				≤ ϕ3.2m 抛物面天线地面铁塔上吊装天线挂高（m）			≤ ϕ3.2m 抛物面天线地面吊装
				≤ 30	≤ 50	≤ 70	天线加边加罩（面）
预算基价				4414.68	7541.90	9684.35	421.60
其中	人工费（元）			3061.80	5394.60	6998.40	364.50
	材料费（元）			19.80	19.80	19.80	11.76
	机械费（元）			1333.08	2127.50	2666.15	—
	仪器仪表费（元）			—	—	—	45.34
名称	代号	单位	单价（元）	数量			
人工：安装工	1002	工日	145.80	21.000	37.000	48.000	2.500
材料：其他材料费	2999	元	—	19.800	19.800	19.800	11.760
机械：发电机组 ≤ 30kW（柴油）	3113	台班	494.310	1.000	1.500	2.000	—
机械：载货汽车 6t	3031	台班	511.530	1.500	2.500	3.000	—
机械：电动卷扬机 5t	3047	台班	71.470	1.000	1.500	2.000	—
仪器仪表：其他仪器仪表费	4999	元	—	—	—	—	45.340

工作内容：天线和天线架的安装及吊装，天线安装就位、调整方位和俯仰角、补漆。　计量单位：副

定额编号					10002014	10002015	10002016
项目名称					≤ ϕ3.2m 抛物面天线地面吊装	≤ ϕ3.2m 抛物面天线铁塔上吊装（≤ 10m）	
					分瓣天线拼装	天线加边加罩（面）	分瓣天线拼装
预算基价					498.74	673.28	823.44
其中	人工费（元）				437.40	583.20	729.00
	材料费（元）				12.76	21.21	23.21
	机械费（元）				—	—	—
	仪器仪表费（元）				48.58	68.87	71.23
名称		代号	单位	单价（元）	数量		
人工	安装工	1002	工日	145.80	3.000	4.000	5.000
材料	其他材料费	2999	元	—	12.760	21.210	23.210
仪器仪表	其他仪器仪表费	4999	元	—	48.580	68.870	71.230

三、馈线安装

工作内容：开箱检验、清洁、丈量配对、波导管吊装、馈线调整加固。　计量单位：条

定额编号					10003001	10003002
项目名称					安装馈线（m）	
					矩形波导	
					≤ 10m	> 10m，每增加 5m
预算基价					366.08	117.22
其中	人工费（元）				364.50	116.64
	材料费（元）				1.58	0.58
	机械费（元）				—	—
	仪器仪表费（元）				—	—
名称		代号	单位	单价（元）	数量	
人工	安装工	1002	工日	145.80	2.500	0.800
材料	其他材料费	2999	元	—	1.580	0.580

工作内容：开箱检验、清洁、丈量配对、波导管吊装、馈线调整加固。　　计量单位：条

定额编号					10003003	10003004	10003005	10003006
项目名称					安装馈线（m）			
					椭圆形波导			
					楼顶铁塔		地面铁塔	
预算基价					511.88	146.38	438.98	146.38
其中	人工费（元）				510.30	145.80	437.40	145.80
	材料费（元）				1.58	0.58	1.58	0.58
	机械费（元）				—	—	—	—
	仪器仪表费（元）				—	—	—	—
	名称	代号	单位	单价（元）	数量			
人工	安装工	1002	工日	145.80	3.500	1.000	3.000	1.000
材料	其他材料费	2999	元	—	1.580	0.580	1.580	0.580

四、天线、馈线调试

工作内容：调试天线接收场强电平及天线驻波比，测试馈线损耗、极化去耦、驻波比，测试调整系统极化去耦。

定额编号					10004001	10004002	10004003	10004004	10004005
项目名称					天线调试（副）				馈线调试（条）
					楼顶铁塔≤ϕ2m	地面铁塔≤ϕ2m	楼顶铁塔≤ϕ3.2m	地面铁塔≤ϕ3.2m	
预算基价					1505.07	1400.12	1767.45	1505.07	323.52
其中	人工费（元）				944.55	839.60	1206.93	944.55	314.85
	材料费（元）				—	—	—	—	—
	机械费（元）				—	—	—	—	—
	仪器仪表费（元）				560.52	560.52	560.52	560.52	8.67
	名称	代号	单位	单价（元）	数量				
人工	调试工	1003	工日	209.90	4.500	4.000	5.750	4.500	1.500
仪器仪表	频谱分析仪	4126	台班	550.350	1.000	1.000	1.000	1.000	—
	场强仪	4073	台班	139.790	0.050	0.050	0.050	0.050	0.050
	其他仪器仪表费	4999	元	—	3.180	3.180	3.180	3.180	1.680

第二节　数字对流层散射通信设备安装

一、固定站数字对流层散射通信设备安装、调试

（一）轻便型数字对流层散射通信设备安装、调试

工作内容：开箱检查、设备就位、接地线、设备连线、接电源线、接天（馈）线、清理现场。

计量单位：套

定额编号					10005001
项目名称					设备安装
预算基价					298.80
其中	人工费（元）				291.60
	材料费（元）				—
	机械费（元）				—
	仪器仪表费（元）				7.20
	名　称	代号	单位	单价（元）	数　量
人工	安装工	1002	工日	145.80	2.000
仪器仪表	其他仪器仪表费	4999	元	—	7.200

工作内容：加电检查、分机调试、测发射机输出功率、测接收机增益和噪声系数、中频自环检查、基带自环检查、对站开通、精调天线方位和俯仰角、测系统误码、接通业务信息。

计量单位：套

定额编号					10005002
项目名称					设备调试
预算基价					3678.02
其中	人工费（元）				2099.00
	材料费（元）				—
	机械费（元）				—
	仪器仪表费（元）				1579.02
	名　称	代号	单位	单价（元）	数　量
人工	调试工	1003	工日	209.90	10.000
仪器仪表	噪声测试仪	4147	台班	83.960	2.000
	误码率测试仪	4201	台班	90.980	2.000
	频谱分析仪	4126	台班	550.350	2.000
	中功率计	4052	台班	62.420	2.000
	其他仪器仪表费	4999	元	—	3.600

工作内容：系统试运行 30 天、业务信息通信试验、记录数据、整理资料等。 计量单位：系统

定额编号					10005003
项目名称					系统试运行（两个站）
预算基价					61521.30
其中	人工费（元）				37782.00
	材料费（元）				—
	机械费（元）				—
	仪器仪表费（元）				23739.30
	名称	代号	单位	单价（元）	数量
人工	调试工	1003	工日	209.90	180.000
仪器仪表	噪声测试仪	4147	台班	83.960	30.000
	误码率测试仪	4201	台班	90.980	30.000
	频谱分析仪	4126	台班	550.350	30.000
	中功率计	4052	台班	62.420	30.000
	其他仪器仪表费	4999	元	—	108.000

（二）小功率数字对流层散射通信设备安装、调试

工作内容：开箱检查、安装固定、接地线、设备连线、接天（馈）线、接电源线、清理现场。 计量单位：套

定额编号					10006001	10006002
项目名称					终端站设备安装	中继站设备安装（两套）
预算基价					597.60	1045.80
其中	人工费（元）				583.20	1020.60
	材料费（元）				—	—
	机械费（元）				—	—
	仪器仪表费（元）				14.40	25.20
	名称	代号	单位	单价（元）	数量	
人工	安装工	1002	工日	145.80	4.000	7.000
仪器仪表	其他仪器仪表费	4999	元	—	14.400	25.200

工作内容：加电检查、分机调试、测发射机输出功率、接收机增益和噪声系数、中频自环检查、基带自环检查、对站开通、精调天线方位和俯仰角、测系统误码、接通业务信息。

计量单位：套

定额编号					10006003	10006004
项目名称					终端站设备调试	中继站设备调试（两套）
预算基价					2126.57	4039.64
其中	人工费（元）				839.60	1469.30
	材料费（元）				—	—
	机械费（元）				—	—
	仪器仪表费（元）				1286.97	2570.34
	名称	代号	单位	单价（元）	数量	
人工	调试工	1003	工日	209.90	4.000	7.000
仪器仪表	噪声测试仪	4147	台班	83.960	1.000	2.000
	误码率测试仪	4201	台班	90.980	1.000	2.000
	频谱分析仪	4126	台班	550.350	2.000	4.000
	功率计	4054	台班	7.730	1.000	2.000
	其他仪器仪表费	4999	元	—	3.600	3.600

工作内容：系统试运行30天，业务信息通信试验、记录数据、整理资料等。

计量单位：系统

定额编号					10006005	10006006
项目名称					系统试运行	
					两个站	每增加一个站
预算基价					34692.60	11564.20
其中	人工费（元）				12594.00	4198.00
	材料费（元）				—	—
	机械费（元）				—	—
	仪器仪表费（元）				22098.60	7366.20
	名称	代号	单位	单价（元）	数量	
人工	调试工	1003	工日	209.90	60.000	20.000
仪器仪表	噪声测试仪	4147	台班	83.960	30.000	10.000
	误码率测试仪	4201	台班	90.980	30.000	10.000
	频谱分析仪	4126	台班	550.350	30.000	10.000
	功率计	4054	台班	7.730	30.000	10.000
	其他仪器仪表费	4999	元	—	108.000	36.000

（三）中功率数字对流层散射通信设备安装、调试

工作内容：开箱检查、安装固定、接地线、设备连线、接天（馈）线、接电源、清理现场。

计量单位：套

定额编号					10007001	10007002
项目名称					终端站设备安装	中继站设备安装（两套）
预算基价					597.60	1045.80
其中	人工费（元）				583.20	1020.60
	材料费（元）				—	—
	机械费（元）				—	—
	仪器仪表费（元）				14.40	25.20
	名称	代号	单位	单价（元）	数量	
人工	安装工	1002	工日	145.80	4.000	7.000
仪器仪表	其他仪器仪表费	4999	元	—	14.400	25.200

工作内容：加电检查、分机调试、测发射机输出功率、测接收机增益和噪声系数、中频自环检查、基带自环检查、对站开通、精调天线方位和俯仰角、测系统误码、接通业务信息。

计量单位：套

定额编号					10007003	10007004
项目名称					终端站设备调试	中继站设备调试（两套）
预算基价					3096.72	3306.62
其中	人工费（元）				1259.40	1469.30
	材料费（元）				—	—
	机械费（元）				—	—
	仪器仪表费（元）				1837.32	1837.32
	名称	代号	单位	单价（元）	数量	
人工	调试工	1003	工日	209.90	6.000	7.000
仪器仪表	噪声测试仪	4147	台班	83.960	1.000	1.000
	误码率测试仪	4201	台班	90.980	1.000	1.000
	频谱分析仪	4126	台班	550.350	3.000	3.000
	功率计	4054	台班	7.730	1.000	1.000
	其他仪器仪表费	4999	元	—	3.600	3.600

工作内容：系统试运行30天，业务信息通信试验、记录数据、整理资料等。 计量单位：系统

定额编号					10007005	10007006
项目名称					系统试运行	
					两个站	每增加一个站
预算基价					36333.30	12566.00
其中	人工费（元）				12594.00	4198.00
	材料费（元）				—	—
	机械费（元）				—	—
	仪器仪表费（元）				23739.30	8368.00
	名称	代号	单位	单价（元）	数量	
人工	调试工	1003	工日	209.90	60.000	20.000
仪器仪表	噪声测试仪	4147	台班	83.960	30.000	10.000
	误码率测试仪	4201	台班	90.980	30.000	15.000
	频谱分析仪	4126	台班	550.350	30.000	10.000
	中功率计	4052	台班	62.420	30.000	10.000
	其他仪器仪表费	4999	元	—	108.000	36.000

（四）大功率数字对流层散射通信设备安装、调试

工作内容：开箱检查、安装固定、接地线、安装大功率放大器及风冷装置、设备连线、接天（馈）线、接电源线、清理现场。 计量单位：套

定额编号					10008001	10008002
项目名称					终端站设备安装	中继站设备安装（两套）
预算基价					1045.80	1494.00
其中	人工费（元）				1020.60	1458.00
	材料费（元）				—	—
	机械费（元）				—	—
	仪器仪表费（元）				25.20	36.00
	名称	代号	单位	单价（元）	数量	
人工	安装工	1002	工日	145.80	7.000	10.000
仪器仪表	其他仪器仪表费	4999	元	—	25.200	36.000

工作内容：加电检查、分机调试和大功率放大器调试、测发射机输出功率、测接收机增益和噪声系数、中频自环检查、基带自环检查、对站开通、精调天线方位和俯仰角、测系统误码性能、接通业务信息。

计量单位：套

定额编号					10008003	10008004
项目名称					终端站设备调试	中继站设备调试（两套）
预算基价					4720.97	7487.24
其中	人工费（元）				1469.30	2099.00
	材料费（元）				—	—
	机械费（元）				—	—
	仪器仪表费（元）				3251.67	5388.24
	名称	代号	单位	单价（元）	数量	
人工	调试工	1003	工日	209.90	7.000	10.000
仪器仪表	噪声测试仪	4147	台班	83.960	2.000	4.000
	误码率测试仪	4201	台班	90.980	2.000	4.000
	频谱分析仪	4126	台班	550.350	5.000	8.000
	中功率计	4052	台班	62.420	2.000	4.000
	其他仪器仪表费	4999	元	—	25.200	36.000

工作内容：系统试运行30天，业务信息通信试验、记录数据、整理资料等。

计量单位：系统

定额编号					10008005	10008006
项目名称					系统试运行	
					两个站	每增加一个站
预算基价					36333.30	12566.00
其中	人工费（元）				12594.00	4198.00
	材料费（元）				—	—
	机械费（元）				—	—
	仪器仪表费（元）				23739.30	8368.00
	名称	代号	单位	单价（元）	数量	
人工	调试工	1003	工日	209.90	60.000	20.000
仪器仪表	噪声测试仪	4147	台班	83.960	30.000	10.000
	误码率测试仪	4201	台班	90.980	30.000	15.000
	频谱分析仪	4126	台班	550.350	30.000	10.000
	中功率计	4052	台班	62.420	30.000	10.000
	其他仪器仪表费	4999	元	—	108.000	36.000

二、车载站数字对流层散射通信设备安装、调试

（一）小功率数字对流层散射通信设备安装、调试

工作内容：车辆到位、打桩接地线、展开天线、调整天线方位和俯仰角、接电源（市电或汽油发电机）。

计量单位：套

定额编号					10009001
项目名称					设备安装
预算基价					448.20
其中	人工费（元）				437.40
	材料费（元）				—
	机械费（元）				—
	仪器仪表费（元）				10.80
	名称	代号	单位	单价（元）	数量
人工	安装工	1002	工日	145.80	3.000
仪器仪表	其他仪器仪表费	4999	元	—	10.800

工作内容：加电检查、分机调试、测发射机输出功率、测接收机增益和噪声系数、中频自环检查、基带自环检查、对站开通、精调天线方位和俯仰角、测系统误码、接通业务信息。

计量单位：套

定额编号					10009002
项目名称					设备调试
预算基价					3665.07
其中	人工费（元）				1259.40
	材料费（元）				—
	机械费（元）				—
	仪器仪表费（元）				2405.67
	名称	代号	单位	单价（元）	数量
人工	调试工	1003	工日	209.90	6.000
仪器仪表	噪声测试仪	4147	台班	83.960	1.000
	误码率测试仪	4201	台班	90.980	1.000
	频谱分析仪	4126	台班	550.350	4.000
	功率计	4054	台班	7.730	1.000
	其他仪器仪表费	4999	元	—	21.600

工作内容：系统试运行30天、业务信息通信试验、记录数据、整理资料等。　　计量单位：系统

定额编号					10009003
项目名称					系统试运行（两个站）
预算基价					36458.20
其中	人工费（元）				12594.00
	材料费（元）				—
	机械费（元）				—
	仪器仪表费（元）				23864.20
名称		代号	单位	单价（元）	数量
人工	调试工	1003	工日	209.90	60.000
仪器仪表	噪声测试仪	4147	台班	83.960	30.000
	误码率测试仪	4201	台班	90.980	50.000
	频谱分析仪	4126	台班	550.350	30.000
	功率计	4054	台班	7.730	30.000
	其他仪器仪表费	4999	元	—	54.000

（二）中功率数字对流层散射通信设备安装、调试

工作内容：车辆到位、打桩接地线、展开天线、调整天线方位和俯仰角、接电源（市电或汽油发电机）。　　计量单位：套

定额编号					10010001
项目名称					设备安装
预算基价					522.90
其中	人工费（元）				510.30
	材料费（元）				—
	机械费（元）				—
	仪器仪表费（元）				12.60
名称		代号	单位	单价（元）	数量
人工	安装工	1002	工日	145.80	3.500
仪器仪表	其他仪器仪表费	4999	元	—	12.600

工作内容：加电检查、分机调试和大功率放大器调试、测发射机输出功率、测接收机增益和噪声系数、中频自环检查、基带自环检查、对站开通、精调天线方位和俯仰角、测系统误码性能、接通业务信息。

计量单位：套

定额编号					10010002
项目名称					设备调试
预算基价					2635.66
其中	人工费（元）				734.65
	材料费（元）				—
	机械费（元）				—
	仪器仪表费（元）				1901.01
名称		代号	单位	单价（元）	数量
人工	调试工	1003	工日	209.90	3.500
仪器仪表	噪声测试仪	4147	台班	83.960	1.000
	误码率测试仪	4201	台班	90.980	1.000
	频谱分析仪	4126	台班	550.350	3.000
	中功率计	4052	台班	62.420	1.000
	其他仪器仪表费	4999	元	—	12.600

工作内容：系统试运行30天、业务信息通信试验、记录数据、整理资料等。

计量单位：系统

定额编号					10010003
项目名称					系统试运行（两个站）
预算基价					38152.90
其中	人工费（元）				12594.00
	材料费（元）				—
	机械费（元）				—
	仪器仪表费（元）				25558.90
名称		代号	单位	单价（元）	数量
人工	调试工	1003	工日	209.90	60.000
仪器仪表	噪声测试仪	4147	台班	83.960	30.000
	误码率测试仪	4201	台班	90.980	50.000
	频谱分析仪	4126	台班	550.350	30.000
	中功率计	4052	台班	62.420	30.000
	其他仪器仪表费	4999	元	—	108.000

（三）大功率数字对流层散射通信设备安装、调试

工作内容：车辆到位、打桩接地线、展开天线、调整天线方位和俯仰角、接电源（市电或汽油发电机）。

计量单位：套

定额编号					10011001
项目名称					设备安装
预算基价					522.90
其中	人工费（元）				510.30
	材料费（元）				—
	机械费（元）				—
	仪器仪表费（元）				12.60
名称		代号	单位	单价（元）	数量
人工	安装工	1002	工日	145.80	3.500
仪器仪表	其他仪器仪表费	4999	元	—	12.600

工作内容：加电检查、分机调试和大功率放大器调试、测发射机输出功率、测接收机增益和噪声系数、中频自环检查、基带自环检查、对站开通、精调天线方位和俯仰角、测系统误码性能、接通业务信息。

计量单位：套

定额编号					10011002
项目名称					设备调试
预算基价					4293.14
其中	人工费（元）				1679.20
	材料费（元）				—
	机械费（元）				—
	仪器仪表费（元）				2613.94
名称		代号	单位	单价（元）	数量
人工	调试工	1003	工日	209.90	8.000
仪器仪表	噪声测试仪	4147	台班	83.960	2.000
	误码率测试仪	4201	台班	90.980	1.000
	频谱分析仪	4126	台班	550.350	4.000
	中功率计	4052	台班	62.420	2.000
	其他仪器仪表费	4999	元	—	28.800

工作内容：系统试运行 30 天、业务信息通信试验、记录数据、整理资料等。　　计量单位：系统

定额编号					10011003
项目名称					系统试运行（两个站）
预算基价					38152.90
其中	人工费（元）				12594.00
	材料费（元）				—
	机械费（元）				—
	仪器仪表费（元）				25558.90
	名称	代号	单位	单价（元）	数量
人工	调试工	1003	工日	209.90	60.000
仪器仪表	噪声测试仪	4147	台班	83.960	30.000
	误码率测试仪	4201	台班	90.980	50.000
	频谱分析仪	4126	台班	550.350	30.000
	中功率计	4052	台班	62.420	30.000
	其他仪器仪表费	4999	元	—	108.000

第三节　微波无线接入通信设备安装、调试

一、微波窄带无线接入系统设备安装、调试

（一）基站设备安装

工作内容：开箱检查、清点资料、清洁、连接地线、设备安装及线缆连接、加电检查、清理现场。

定额编号					10012001	10012002	10012003	10012004
项目名称					机柜（个）	基站主设备（台）	网管设备（台）	直流电源设备（台）
预算基价					402.16	443.92	149.44	30.69
其中	人工费（元）				389.29	437.40	145.80	29.16
	材料费（元）				9.99	2.92	2.92	1.17
	机械费（元）				—	—	—	—
	仪器仪表费（元）				2.88	3.60	0.72	0.36
	名称	代号	单位	单价（元）	数量			
人工	安装工	1002	工日	145.80	2.670	3.000	1.000	0.200
材料	棉纱头	218101	kg	5.830	1.000	0.500	0.500	0.200
	地脚螺栓 12×150	207167	套	1.020	4.080	—	—	—
仪器仪表	其他仪器仪表费	4999	元	—	2.880	3.600	0.720	0.360

工作内容：开箱检查、清点资料、清洁、连接地线、设备安装及线缆连接、加电检查、清理现场。

计量单位：个

定额编号					10012005	10012006	10012007	10012008
项目名称					接口单元			
					话路		数据	
					≤8路	>8路，每增加4路	≤4路	>4路，每增加2路
预算基价					74.79	16.04	118.89	23.04
其中	人工费（元）				72.90	14.58	116.64	21.87
	材料费（元）				1.17	1.17	1.17	1.17
	机械费（元）				—	—	—	—
	仪器仪表费（元）				0.72	0.29	1.08	—
名称		代号	单位	单价（元）	数量			
人工	安装工	1002	工日	145.80	0.500	0.100	0.800	0.150
材料	其他材料费	2999	元	—	1.170	1.170	1.170	1.170
仪器仪表	其他仪器仪表费	4999	元	—	0.720	0.290	1.080	—

（二）用户站设备安装

工作内容：开箱检查、清点资料、清洁、连接地线、设备安装及线缆连接、加电检查、清理现场。

计量单位：台

定额编号					10013001	10013002
项目名称					用户站主设备	直流电源单元
预算基价					911.54	44.75
其中	人工费（元）				364.50	43.74
	材料费（元）				1.17	0.58
	机械费（元）				542.27	—
	仪器仪表费（元）				3.60	0.43
名称		代号	单位	单价（元）	数量	
人工	安装工	1002	工日	145.80	2.500	0.300
材料	其他材料费	2999	元	—	1.170	0.580
机械	工程车	3111	台班	542.270	1.000	—
仪器仪表	其他仪器仪表费	4999	元	—	3.600	0.430

工作内容：开箱检查、清点资料、清洁、连接地线、设备安装及线缆连接、加电检查、
清理现场。

计量单位：个

定额编号					10013003	10013004	10013005	10013006
项目名称					接口单元			
					话路		数据	
					≤4路	>4路，每增加4路	1路	>1路，每增加1路
预算基价					45.06	15.81	30.43	30.43
其中	人工费（元）				43.74	14.58	29.16	29.16
	材料费（元）				1.17	1.17	1.17	1.17
	机械费（元）				—	—	—	—
	仪器仪表费（元）				0.15	0.06	0.10	0.10
名称		代号	单位	单价（元）	数量			
人工	安装工	1002	工日	145.80	0.300	0.100	0.200	0.200
材料	其他材料费	2999	元	—	1.170	1.170	1.170	1.170
仪器仪表	其他仪器仪表费	4999	元	—	0.150	0.060	0.100	0.100

（三）基站调试

工作内容：检查电源输出、测试输出功率、数据接口单元跳线设置、检查工作状态、
网管软件安装与调试、进行系统设置。

计量单位：台

定额编号					10014001	10014002	10014003
项目名称					基站主设备	网络管理设备	直流电源设备
预算基价					606.19	1086.17	21.50
其中	人工费（元）				419.80	839.60	20.99
	材料费（元）				0.29	0.29	0.29
	机械费（元）				—	—	—
	仪器仪表费（元）				186.10	246.28	0.22
名称		代号	单位	单价（元）	数量		
人工	调试工	1003	工日	209.90	2.000	4.000	0.100
材料	其他材料费	2999	元	—	0.290	0.290	0.290
仪器仪表	示波器	4112	台班	44.240	0.800	1.600	—
	中功率计	4052	台班	62.420	0.800	1.600	—
	数字频率计	4081	台班	125.740	0.800	0.600	—
	其他仪器仪表费	4999	元	—	0.180	0.180	0.220

工作内容：检查电源输出、测试输出功率、数据接口单元跳线设置、检查工作状态、网管软件安装与调试、进行系统设置。

计量单位：个

定额编号					10014004	10014005	10014006	10014007
项目名称					接口单元			
					话路		数据	
					≤8路	>8路，每增加4路	≤4路	>4路，每增加2路
预算基价					106.68	21.57	149.24	42.85
其中	人工费（元）				104.95	20.99	146.93	41.98
	材料费（元）				0.29	0.29	0.29	0.29
	机械费（元）				—	—	—	—
	仪器仪表费（元）				1.44	0.29	2.02	0.58
	名称	代号	单位	单价（元）	数量			
人工	调试工	1003	工日	209.90	0.500	0.100	0.700	0.200
材料	其他材料费	2999	元	—	0.290	0.290	0.290	0.290
仪器仪表	其他仪器仪表费	4999	元	—	1.440	0.290	2.020	0.580

（四）用户站调试

工作内容：检查电源输出、测试输出功率、一个用户站内部话路交换调试、数据接口单元跳线设置、检查工作状态。

计量单位：台

定额编号					10015001	10015002
项目名称					用户站主设备	直流电源单元
预算基价					545.62	4.56
其中	人工费（元）				377.82	4.20
	材料费（元）				0.29	—
	机械费（元）				—	—
	仪器仪表费（元）				167.51	0.36
	名称	代号	单位	单价（元）	数量	
人工	调试工	1003	工日	209.90	1.800	0.020
材料	其他材料费	2999	元	—	0.290	—
仪器仪表	示波器	4112	台班	44.240	0.720	—
	中功率计	4052	台班	62.420	0.720	—
	数字频率计	4081	台班	125.740	0.720	—
	其他仪器仪表费	4999	元	—	0.180	0.360

工作内容：检查电源输出、测试输出功率、一个用户站内部话路交换调试、数据接口单元跳线设置、检查工作状态。

计量单位：台

定额编号					10015003	10015004	10015005	10015006
项目名称					接口单元			
					话路		数据	
					≤ 4 路	> 4 路，每增加 4 路	1 路	> 1 路，每增加 1 路
预算基价					49.35	23.05	59.85	24.82
其中	人工费（元）				41.98	20.99	52.48	20.99
	材料费（元）				0.29	0.29	0.29	0.29
	机械费（元）				—	—	—	—
	仪器仪表费（元）				7.08	1.77	7.08	3.54
	名称	代号	单位	单价（元）	数量			
人工	调试工	1003	工日	209.90	0.200	0.100	0.250	0.100
材料	其他材料费	2999	元	—	0.290	0.290	0.290	0.290
仪器仪表	示波器	4112	台班	44.240	0.160	0.040	0.160	0.080

（五）系统联调

工作内容：测试发射功率、接收电平、无线信道误码，基站与用户交换机互联；建立基站于用户站之间的通信链路，网管功能调试，检查话音质量、测试数据业务传输误码，系统功能调试。

计量单位：站

定额编号					10016001	10016002
项目名称					基站对 1 个用户站	> 1 个用户站，每增加 1 个用户站
预算基价					9547.47	5132.30
其中	人工费（元）				2099.00	1679.20
	材料费（元）				—	—
	机械费（元）				2711.35	1084.54
	仪器仪表费（元）				4737.12	2368.56
	名称	代号	单位	单价（元）	数量	
人工	调试工	1003	工日	209.90	10.000	8.000
机械	工程车	3111	台班	542.270	5.000	2.000
仪器仪表	误码率测试仪	4202	台班	552.020	6.000	3.000
	示波器	4112	台班	44.240	6.000	3.000
	数字频率计	4081	台班	125.740	6.000	3.000
	中功率计	4052	台班	62.420	6.000	3.000
	其他仪器仪表费	4999	元	—	30.600	15.300

（六）系统试运行

工作内容：根据规范要求，测试各项技术指标的稳定性、可靠性。　　计量单位：系统

定额编号					10017001	10017002
项目名称					基站对2个用户站	＞2个用户站，每增加1个用户站
预算基价					32247.90	2542.33
其中	人工费（元）				18891.00	1259.40
	材料费（元）				—	—
	机械费（元）				5422.70	1084.54
	仪器仪表费（元）				7934.20	198.39
	名称	代号	单位	单价（元）	数量	
人工	调试工	1003	工日	209.90	90.000	6.000
机械	工程车	3111	台班	542.270	10.000	2.000
仪器仪表	误码率测试仪	4202	台班	552.020	10.000	0.250
	示波器	4112	台班	44.240	10.000	0.200
	数字频率计	4081	台班	125.740	10.000	0.250
	中功率计	4052	台班	62.420	10.000	0.250
	其他仪器仪表费	4999	元	—	90.000	4.500

二、微波宽带无线接入系统设备安装、调试

（一）基站设备安装、调试

工作内容：开箱检查、清点资料、设备安装、加电检查、调试设备、网管软件安装与调试、系统设置、清理现场。

定额编号					10018001	10018002	10018003	10018004
项目名称					机柜安装（个）	基站主设备（台）	变频设备（台）	网管设备（台）
预算基价					394.03	8498.10	835.93	4493.38
其中	人工费（元）				389.29	2916.00	291.60	4374.00
	材料费（元）				4.74	0.58	0.58	0.58
	机械费（元）				—	—	—	—
	仪器仪表费（元）				—	5581.52	543.75	118.80
	名称	代号	单位	单价（元）	数量			
人工	安装工	1002	工日	145.80	2.670	20.000	2.000	30.000
材料	其他材料费	2999	元	—	4.740	0.580	0.580	0.580
仪器仪表	便携式计算机	4311	台班	18.000	—	8.000	—	6.000
	数字频率计	4081	台班	125.740	—	8.000	0.800	—
	频谱分析仪	4126	台班	550.350	—	8.000	0.800	—
	其他仪器仪表费	4999	元	—	—	28.800	2.880	10.800

工作内容：开箱检查、清点资料、设备安装、加电检查、调试设备、网管软件安装与调试、系统设置、清理现场。

计量单位：台

定额编号					10018005	10018006
项目名称					基站室外单元	
					收发单元一体	收发单元分体
预算基价					277.78	221.48
其中	人工费（元）				262.44	218.70
	材料费（元）				0.58	0.58
	机械费（元）				—	—
	仪器仪表费（元）				14.76	2.20
	名称	代号	单位	单价（元）	数量	
人工	安装工	1002	工日	145.80	1.800	1.500
材料	其他材料费	2999	元	—	0.580	0.580
仪器仪表	便携式计算机	4311	台班	18.000	0.720	—
	其他仪器仪表费	4999	元	—	1.800	2.200

（二）用户站设备安装、调试

工作内容：开箱检查、清点资料、设备就位与安装、防雷接地、加电检查、调试设备、清理现场。

定额编号					10019001	10019002
项目名称					用户站主设备（台）	用户站室外单元（个）
预算基价					2040.95	220.18
其中	人工费（元）				583.20	218.70
	材料费（元）				1.12	1.12
	机械费（元）				—	—
	仪器仪表费（元）				1456.63	0.36
	名称	代号	单位	单价（元）	数量	
人工	安装工	1002	工日	145.80	4.000	1.500
材料	其他材料费	2999	元	—	1.120	1.120
仪器仪表	便携式计算机	4311	台班	18.000	1.300	—
	数字频率计	4081	台班	125.740	1.300	—
	频谱分析仪	4126	台班	550.350	2.300	—
	其他仪器仪表费	4999	元	—	3.960	0.360

（三）系统联调

工作内容：技术准备、完善系统设置、基站互联、与网络设备（交换机、路由器）互联、基站入网测试、子网调整、IP 调整、系统指标测试、功能验证、业务种类设置。 计量单位：站

定额编号					10020001	10020002	10020003	10020004
项目名称					10 个用户站以下（每站）	50 个用户站以下（每站）	100 个用户站以下（每站）	100 个用户站以上，每增加 10 个用户站
预算基价					7514.73	5979.73	4577.67	23175.90
其中	人工费（元）				1259.40	1091.48	839.60	4198.00
	材料费（元）				—	—	—	—
	机械费（元）				2494.44	1843.72	1409.90	7157.96
	仪器仪表费（元）				3760.89	3044.53	2328.17	11819.94
名称		代号	单位	单价（元）	数量			
人工	调试工	1003	工日	209.90	6.000	5.200	4.000	20.000
机械	工程车	3111	台班	542.270	4.600	3.400	2.600	13.200
仪器仪表	便携式计算机	4311	台班	18.000	4.200	3.400	2.600	13.200
	网络分析仪	4220	台班	196.260	4.200	3.400	2.600	13.200
	频谱分析仪	4126	台班	550.350	4.200	3.400	2.600	13.200
	数字频率计	4081	台班	125.740	4.200	3.400	2.600	13.200
	其他仪器仪表费	4999	元	—	21.420	17.340	13.260	67.320

（四）系统试运行

工作内容：根据规范要求，测试各项技术指标的稳定性、可靠性。 计量单位：系统

定额编号					10021001	10021002	10021003	10021004
项目名称					10 个用户站以下	50 个用户站以下（每站）	100 个用户站以下（每站）	100 个用户站以上，每增加 10 个用户站
预算基价					55593.00	63996.76	80798.25	1049.50
其中	人工费（元）				12594.00	20990.00	37782.00	1049.50
	材料费（元）				—	—	—	—
	机械费（元）				16268.10	16268.10	16268.10	—
	仪器仪表费（元）				26730.90	26738.66	26748.15	—
名称		代号	单位	单价（元）	数量			
人工	调试工	1003	工日	209.90	60.000	100.000	180.000	5.000
机械	工程车	3111	台班	542.270	30.000	30.000	30.000	—
仪器仪表	便携式计算机	4311	台班	18.000	30.000	30.000	30.000	—
	网络分析仪	4220	台班	196.260	30.000	30.000	30.000	—
	频谱分析仪	4126	台班	550.350	30.000	30.000	30.000	—
	数字频率计	4081	台班	125.740	30.000	30.000	30.000	—
	其他仪器仪表费	4999	元	—	20.400	28.160	37.650	—

第四节 微波一点多址通信系统设备安装、调试

一、设备安装

工作内容：1. 开箱检查、设备就位、接地线、设备连线、接电源线、接天（馈）线、清理现场；
2. 中心站：连接天线、馈线，安装微波收发信机（1+1）、话务控制逻辑（1+1）、接口单元、显示告警、电源；
3. 中继站：连接天线、馈线，安装微波收发信机（1+1）、中继控制器（1+1）、接口单元、电源；
4. 外围站：连接天线、馈线，安装微波收发信机（1+1）、话务控制逻辑、接口单元、电源等。

计量单位：站

定额编号					10022001	10022002	10022003
项目名称					中心站	中继站	外围站
预算基价					1709.14	1561.54	857.27
其中	人工费（元）				583.20	437.40	291.60
	材料费（元）				—	—	—
	机械费（元）				1084.54	1084.54	542.27
	仪器仪表费（元）				41.40	39.60	23.40
名称		代号	单位	单价（元）	数量		
人工	安装工	1002	工日	145.80	4.000	3.000	2.000
机械	工程车	3111	台班	542.270	2.000	2.000	1.000
仪器仪表	便携式计算机	4311	台班	18.000	2.000	2.000	1.000
	其他仪器仪表费	4999	元	—	5.400	3.600	5.400

二、设备调试

工作内容：调测收发信机的功率、频率、电平、回波损耗及噪声，接口的平衡、抖动转移特性等。

计量单位：套

定额编号					10023001	10023002	10023003
项目名称					收发信机	勤务监控	分复接器
预算基价					1553.90	419.80	629.70
其中	人工费（元）				1049.50	419.80	629.70
	材料费（元）				—	—	—
	机械费（元）				—	—	—
	仪器仪表费（元）				504.40	—	—
名称		代号	单位	单价（元）	数量		
人工	调试工	1003	工日	209.90	5.000	2.000	3.000
仪器仪表	微波频率计	4079	台班	150.960	0.400	—	—
	噪声测试仪	4147	台班	83.960	0.400	—	—
	中功率计	4052	台班	62.420	0.400	—	—
	频谱分析仪	4126	台班	550.350	0.400	—	—
	微波信号发生器	4018	台班	413.320	0.400	—	—

三、系统联测

工作内容：测试发信功率、接收电平、调整突发时延、测试误码等。　　计量单位：站

定额编号					10024001
项目名称					系统联测
预算基价					3760.37
其中	人工费（元）				2099.00
	材料费（元）				—
	机械费（元）				—
	仪器仪表费（元）				1661.37
	名称	代号	单位	单价（元）	数量
人工	调试工	1003	工日	209.90	10.000
仪器仪表	数字微波分析仪	4234	台班	145.000	1.000
	便携式计算机	4311	台班	18.000	1.000
	误码率测试仪	4202	台班	552.020	1.000
	频谱分析仪	4126	台班	550.350	1.000
	数字示波器	4110	台班	396.000	1.000

第五节　大气激光通信设备安装、调试

工作内容：开箱检查，安装天线支架、光学天线、光端机，接馈线、接地线、设备连线、加电检查、对站开通、精调天线方位和俯仰角，本系统测试。　　计量单位：套

定额编号					10025001	10025002	10025003	10025004
项目名称					光学天线和光端机（2M）安装、调试（km）			
					≤1	≤2	≤3	≤8
预算基价					1459.85	1564.80	1672.80	1789.95
其中	人工费（元）				1364.35	1469.30	1574.25	1679.20
	材料费（元）				—	—	—	—
	机械费（元）				—	—	—	—
	仪器仪表费（元）				95.50	95.50	98.55	110.75
	名称	代号	单位	单价（元）	数量			
人工	调试工	1003	工日	209.90	6.500	7.000	7.500	8.000
仪器仪表	光源	4108	台班	23.000	3.000	3.000	3.100	3.500
	光功率计	4058	台班	7.500	3.000	3.000	3.100	3.500
	其他仪器仪表费	4999	元	—	4.000	4.000	4.000	4.000

工作内容：开箱检查，安装天线支架、光学天线、光端机，接馈线、接地线、设备连线、加电检查、对站开通、精调天线方位和俯仰角，本系统测试。 计量单位：套

定额编号					10025005	10025006	10025007
项目名称					光学天线和光端机（4×2M）安装、调试（km）		
					≤1	≤2	≤4
预算基价					1522.82	1627.77	1738.82
其中	人工费（元）				1427.32	1532.27	1637.22
	材料费（元）				—	—	—
	机械费（元）				—	—	—
	仪器仪表费（元）				95.50	95.50	101.60
名称		代号	单位	单价（元）	数量		
人工	调试工	1003	工日	209.90	6.800	7.300	7.800
仪器仪表	光源	4108	台班	23.000	3.000	3.000	3.200
	光功率计	4058	台班	7.500	3.000	3.000	3.200
	其他仪器仪表费	4999	元	—	4.000	4.000	4.000

工作内容：开箱检查，安装天线支架、光学天线、光端机，接馈线、接地线、设备连线、加电检查、对站开通、精调天线方位和俯仰角，本系统测试。 计量单位：套

定额编号					10025008	10025009
项目名称					光学天线和光端机（155M）安装、调试（km）	
					≤1	≤2
预算基价					1525.80	1630.75
其中	人工费（元）				1469.30	1574.25
	材料费（元）				—	—
	机械费（元）				—	—
	仪器仪表费（元）				56.50	56.50
名称		代号	单位	单价（元）	数量	
人工	调试工	1003	工日	209.90	7.000	7.500
仪器仪表	光源	4107	台班	10.000	3.000	3.000
	光功率计	4058	台班	7.500	3.000	3.000
	其他仪器仪表费	4999	元	—	4.000	4.000

工作内容：开箱检查，安装天线支架、光学天线、光端机，接馈线、接地线、设备连线、加电检查、对站开通、精调天线方位和俯仰角，本系统测试。　计量单位：套

定额编号					10025010	10025011	10025012
项目名称					光学天线和光端机安装、调试		
					622M		2.5G
					≤ 1km	≤ 2km	≤ 1km
预算基价					1525.80	1634.25	1639.50
其中	人工费（元）				1469.30	1574.25	1574.25
	材料费（元）				—	—	—
	机械费（元）				—	—	—
	仪器仪表费（元）				56.50	60.00	65.25
	名称	代号	单位	单价（元）	数量		
人工	调试工	1003	工日	209.90	7.000	7.500	7.500
仪器仪表	光源	4107	台班	10.000	3.000	3.200	3.500
	光功率计	4058	台班	7.500	3.000	3.200	3.500
	其他仪器仪表费	4999	元	—	4.000	4.000	4.000

主 编 单 位：工业和信息化部电子工业标准化研究院

参 编 单 位：中国电子科技集团公司第十四研究所

中国电子科技集团公司第五十四研究所

中国电子系统工程总公司

中国电子科技集团公司第七研究所

广州杰赛科技股份有限公司

中国电子科技集团公司第三十四研究所

主要编制人员：薛长立　戴永生　魏　梅　马宏浩　鲍翔雨　张玉保　吴国英　胡　政

刘彩娟　丛者俭　李俊凯　孙守玉　丁凤鸣　张永红　曾　巍　苏　磊

蒋延燧　覃世明

审 查 专 家：王元光　王海宏　白洁如　王中和　吴佐民　刘　智　刘宝利　董士波

黄琦玲　罗廷菊　佟一文　魏晓东　朱承海　赵　珍　常海霞　孙　雷

贾致杰　黄守峰